○ 青少年创客教育二维码多媒体读物

王晓辉 著

Scratch 遇上机器人

山东城市出版传媒集团·济南出版社

图书在版编目（CIP）数据

Scratch遇上机器人 ：喵星人创意图形化编程秘籍 / 王晓辉著. -- 济南 ：济南出版社，2017.3
ISBN 978-7-5488-2495-4

Ⅰ. ①S… Ⅱ. ①王… Ⅲ. ①机器人—程序设计
Ⅳ. ①TP242

中国版本图书馆CIP数据核字（2017）第054751号

策　　划　李建议
责任编辑　雷　蕾
装帧设计　李梦肖

出版发行　济南出版社
地　　址　济南市二环南路1号
网　　址　www.jnpub.com
电　　话　0531-67883204
传　　真　0531-86131709
经　　销　各地新华书店

印　　刷　山东省东营市新华印刷厂
开　　本　185毫米×260毫米　16开
印　　张　12.75
字　　数　150千字
版　　次　2017年3月第1版
印　　次　2017年3月第1次印刷
印　　数　1-2000册
定　　价　62.50元
发行电话　0531-86131730 / 86131731 / 86116641
传　　真　0531-86922073

序

以创新、开源、协作、动手为特征的创客教育，其意义不言而喻。如何让创客教育落地成为普惠，是当前亟待解决的问题。

创客教育不是未来教育的全部，但是它天然具有的开源、分享、动手等优势无可比拟。我坚信，这种具有创新、普惠性质的教育是值得去研究、去实践、去推广的。同时，作为初生之物，在这最后一公里的层面上，还需要教育主管部门、教科研、装备、师训、财政等部门合力，形成立体生态。

近年来，为了推动创客文化在教育领域的发展、繁荣，处在一线的教育工作者做出了诸多探索与尝试，王晓辉老师便是其中之一。当晓辉老师将青少年创客教育二维码多媒体读物《Scratch遇上机器人》书稿送来时，我深感欣慰。同时感谢这些骨干教师，在完成繁重教学任务之余，还在兢兢业业、脚踏实地地做一些事，默默地为教育事业出一份力。

仔细阅读书稿后，我发现书稿的质量和创意构思是超出我料想之外的：生动有趣的案例让人沉浸其中，大量充满童趣的漫画故事更是妙趣横生；整本书的知识点清晰明了，严谨有序；对于相关知识的把握，做到了心中有尺，外延有度；故事性与知识性相融合，学习和阅读起来毫不吃力。

创意编程的趣味性、开放性在本书体现得淋漓极致！通过一个个小故事和任务，可以体会到创客乐趣的酣畅，感受到信息技术的魅力！

更重要的是，你能从字里行间感觉到，这是从教学中积累、总结出的精华，历经了实践的淬炼。

这是孔孟之乡、齐鲁大地的教育工作者在创客教育的舞台上呈现的富有创新性与实践性的绚丽一幕，对于创客教育的未来，我很期待。

就让这本书作为孩子们梦想之旅的起点，扬帆远航！

山东省教育科学研究院
信息技术教研员
山东省创客教育联盟理事长

前言

《中国创客教育蓝皮书（基础教育版）》一书中对创客教育这样定义：创客教育是创客文化与教育的结合，基于学生兴趣，以项目学习的方式，使用数字化工具，倡导造物，以项目学习的方式，使用数字化工具，倡导造物，鼓励分享，培养跨学科解决问题的能力、团队协作能力和创新能力的一种素质教育。

如今，越来越多的人重视创客教育，创客教育的涵盖范围越来越广，开展方式越来越丰富，仅山东省青少年创客奥林匹克活动中的各种赛项就有二十多个。通常创客教育包含的几项常规内容：图形化编程、3D 打印、智能硬件等，几乎所有内容的核心和支柱都是 Scratch 图形化编程。

为什么要选择 Scratch？

Scratch 是一款由麻省理工学院 (MIT) 设计开发的一款简易编程工具，是最适合少儿学习编程和交流的工具和平台，支持中文并且完全免费。其设计理念是像玩积木一样玩编程。学习者几乎不需要电脑基础，你可以不认识英文单词，也可以不会使用键盘，只使用鼠标的拖拽和更改一些参数就可以制作出酷炫的动画、软件或者游戏出来。

在国内创客教育的图形化编程方面，几乎都是以 Scratch 作为主要课程开展，Scratch 是目前最普及的编程思维训练利器，国内外都有大量的学校在使用这一工具。

为什么会有这本书？

我从2010年就尝试在小学开设儿童编程课，当时是以中文化的易语言为课程进行教学，然而在实践中发现其成人化的思维方式并不适合在中、低年级开设。经过一段时间的摸索，2012年开始尝试进行Scratch的教学探索，班里的学生十分喜爱这门课程，学习的积极性很高，做出来的编程作品都非常有创意，对低年级的学生来说，学习起来也不费力。然而，仅仅几堂课满足不了学生的学习欲望，教学也没有系统性，所以开始尝试编写一本基础的、有趣的、系统的，方便学生自学和工具书使用的Scratch图书。

适合阅读本书的人有哪些？

编程是一门世界的语言，它能将你的想法变成现实，Scratch编程将会成为打开这扇门的钥匙，你可以制作任何有趣的东西来表达你的想法。即使你将来不做计算机科学家或程序设计员，但是创造性思维、系统地推理、与他人合作等都是可以在学习Scratch中学会的技能，人人都需要这些技能，人人都需要学习编程。

根据权威人士介绍，“小孩从五到七岁是可以介入编程学习的，七到十五岁是最好的学习年龄段。”对孩子而言，这些花花绿绿的积木，可以做出各种有趣的游戏，就足够了，他们并非要知道这就叫作“编程”。若成人对计算机有兴趣，想了解编程、又没有基础，那这本书可以开启你编程世界，这本书可以让你了解Scratch的方方面面，训练自己的编程思维，使你更容易地过渡到传统编程语言上去。

因此，不管是作为自学Scratch的工具书，还是作为开展创客教育课程的教辅用书，甚至当作漫画或者休闲读物，相信我，这本书都一定不会让失望。

通过本书你可以学到什么？

简单来说，编程就是告诉计算机要做什么，本书，就是教给你怎么使用Scratch来编程，在这里你可以学会制作动画、小软件、游戏，并把你的创意分享给全世界的小伙伴，与他们一同学习！

对于知识点的梳理和分类，几经推敲，最后确定了当前这样的一种章节分布，从内容比重上肯定还有不尽科学之处，但是在目前我所见到的所有Scratch资料

当中，这种格局是比较规范和系统的了。本书共分九章，命名为DAY 1至DAY 9，遵循了一般校本课程开发中18课时的规则，方便教师做课程安排甚至直接当作校本教材来使用。每一节以Part1至Part4命名，分为“钛大师课堂”“钛大师秘籍”“动手练习”“参考示例”四部分。

故事情节十分简单：为了拯救被魔王抓走的喵星公主，喵星上的小猫喵喵闹第一天就拜机器人钛大师为老师，学习可以拯救公主的喵星绝技——Scratch，在接下来的九天时间里，喵喵闹用Scratch的各种工具，学会了移动，绘制了武器，克隆形象，破解了过河密码，学会了用声音为飞船加油，用摄像头与敌方战斗最后制作出了好玩的游戏救出了公主。

如何开始本书的学习？

阅读漫画：每一章的开头都有四格漫画，从这里你可以了解故事情节的发展，漫画不仅仅可以引发你学习的兴趣，也和你将要学习的内容息息相关哦。

阅读正文：正文的知识讲解是采用问答的形式展开的，都是非常简单的基础内容，你可以跟着喵喵闹的学习路线学习，也可以首先阅读你感兴趣的内容，跳读不会对学习的效果产生影响。

完成动手练习：课后练习的难度属于中等，是对正文内容的小提高，我遵循了两个原则，首先是有趣，然后在有趣的基础上做到尽量简单。能让你在不经意间做出大家喜欢玩的小玩意儿。

下载造型包：在制作“动手练习”的时候，你会用到很多角色的不同造型，你可以直接使用与本书一致的造型，这些造型都是我使用Scratch自身的绘画工具制作的，打开浏览器，在地址栏输入http://www.jndingdong.com/download/《Scratch遇上机器人》造型包.rar，即可下载使用。

观看演示：如果大家在制作动手练习的时候遇到了难题，或者想看一下实际做出来的效果，你都可以扫描“参考示例”下的二维码，我会在那里为大家讲解详细的步骤，并展示制作成品。

现在就开始学习吧！

现在，跟随咱们的主角喵喵闹一起来学习吧！不过，喵喵闹还很年轻，不成熟，著作者也与喵喵闹一样，水平尚浅。如果您在阅读本书的过程中发现疏漏和不足，还恳请读者朋友不吝指正。

作者 王晓辉

2017年2月

目录

C O N T E N T S

人物档案

机器人钛大师

喵星上最年长者，来自泰坦星球的指引之神，无所不知，无所不晓，是喵星绝技大师，帮助喵喵闹学习喵星绝技——Scratch。

喵喵闹

喵星上普通的一只小猫，在机器人钛大师的帮助下学习喵星绝技，拯救公主。

喵喵俏公主

喵星上最美丽的一只小猫，被住在黑暗森林深处的大魔王抓走了。

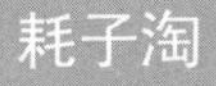

耗子淘

喵喵闹的好兄弟，陪喵喵闹一起救公主。

大魔王

变化多端，喜怒无常，以捉弄喵星人为乐趣，最喜欢玩游戏！

故事从这里开始

在浩瀚的宇宙中，有一颗距离地球很远的星球，它的名字叫作“喵星”。喵星上有着各种各样的喵星人，他们愉快地生活着，有一天，喵星的公主被魔王抓走了，整个喵星上炸了锅似的谈论着如何解救公主……有人说只有学会喵星绝技才能降服魔王，这句话被一个叫“喵喵闹”的小猫听到了。

为了要救出公主，尽快学会喵星绝技，喵喵闹历经艰辛终于找到了喵星绝技大师——机器人“钛大师”。钛大师告诉喵喵闹，“喵星绝技就是Scratch，学习这个绝技，需要九天的时间。”在接下来的九天里，喵喵闹要在钛大师的帮助下，一步一步地学习这项绝技……

DAY 1 第一天 拜师学艺

为了尽快解救公主，喵喵闹一大早就去拜访住在深山中的钛大师，开始了第一天的学习……

Part 1

初识 Scratch

★ 认识软件的基本界面 ★

★ 项目文件的新建、打开和保存 ★

一、钛大师课堂

钛大师：喵喵闹，先和我一起认识一下 Scratch 这个软件，Scratch 2.0 是一个制作软件的软件……

想认识这个神奇的软件就要先启动它。常见的启动方法有两种：一是双击你桌面上的小猫脑袋图标；二是点击电脑中的开始按钮，查找程序菜单里 Scratch2.0 的图标，然后点击它。（如果你电脑中还没安装 Scratch 2.0，请用手机扫描下面的二维码，根据提示安装软件）

Scratch 的桌面图标

扫描二维码

观看如何安装软件

Macromedia
PDF To JPG
PDF-XChange 5
QuickTime
Scratch
Scratch Website
Scratch
Uninstall Scratch
Sony
WinRAR
福昕PDF阅读器
附件
火绒安全实验室
精品游戏
猎豹安全浏览器
启动
搜狗拼音传统版
腾讯软件
腾讯游戏
微信
返回
搜索程序和文件
Administrator
文档
图片
音乐
游戏
计算机
控制面板
设备和打印机
默认程序
关机

开始菜单截图

通常情况下，启动 Scratch 2.0 的速度是非常快的，几秒钟以后你就可以看到它的界面。它的界面并不复杂，红框标注的是它主要的功能区域。

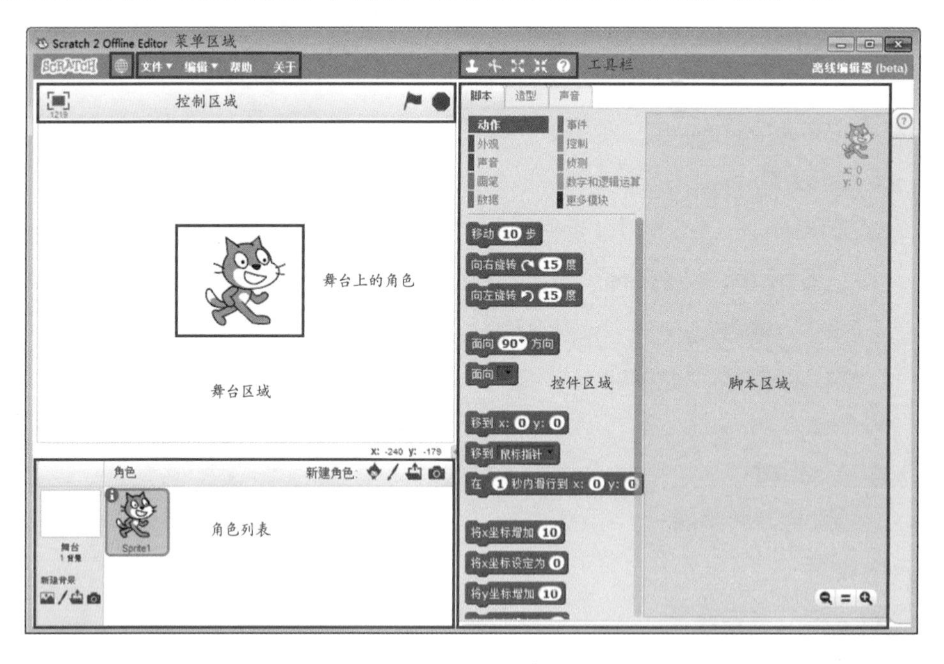

Scratch 界面分布图

喵喵闹：钛大师，看起来并不复杂，可就是不懂是干啥的。

钛大师：喵喵闹，不要着急，上图中的各个组成部分构成了 Scratch 功能强大又富有趣味的软件界面，现在不懂没关系，接下来我将对它的各个主要组成部分进行详细介绍。

1. 软件菜单

文件 ▾ 编辑 ▾ 帮助 关于

一个标准的窗口程序必须要有的东西，就是菜单。像文件打开、保存、退出等标准功能，都可以在这里找到。

2. 常用工具

① SCRATCH

这个大大的 Scratch 其实是个可以点击的工具，点击以后会打开浏览器去访问 Scratch 的官网：“https://scratch.mit.edu”。

②

如果你的 Scratch 打开以后是英文界面，可以点击 选择语言来切换成中文界面。

③ 

控制程序的运行和停止就是两个按钮，一个绿色的旗子，一个红色的灯。想象一下做导演的感觉，你可以随时喊 action 或者 cut ！

3. 舞台区域

舞台区域是展示Scratch程序运行情况的地方，位于Scratch界面的左上方。

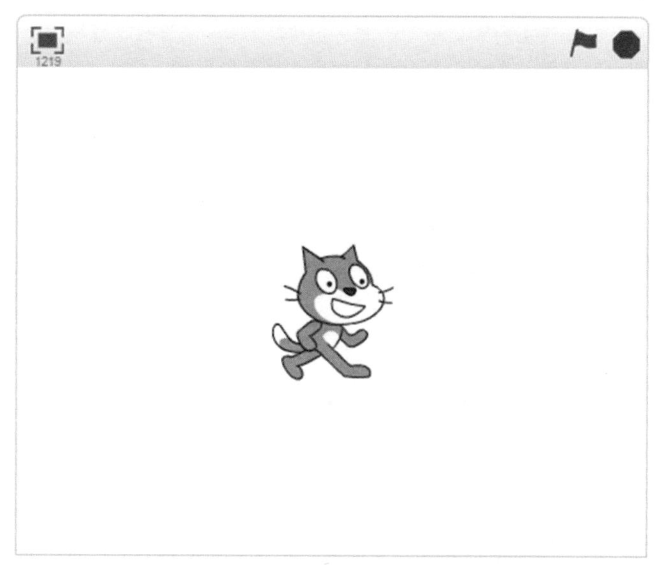

如果你把自己看作导演，那么这里就是你节目演出的场地。这是要展示给大家看的区域，所以这个区域是可以全屏的：点击 进入全屏，按 Esc 键可以离开全屏。Scratch把全屏这种状态叫作“演示模式”。

默认启动的时候，舞台背景是纯白色的，略显单调，但舞台背景不仅仅可以更换，还可以设定多个背景，并允许在程序执行期间更换背景。

4. 角色区域

角色区域精确的叫法应该是角色列表，如果舞台部分可以叫作前台的话，这里就是后台。你的节目可能需要好多演员、场景、道具等，Scratch 会把它们统一称为“角色”。所有项目里的角色都会在这里出现，在这里就显示了当前项目中所有角色的缩略图、名字等信息。在 Scratch 启动后，默认有一只猫的角色在舞台上，你可以点击它试试，看看程序有什么反应。

5. 脚本 / 造型 / 声音区域

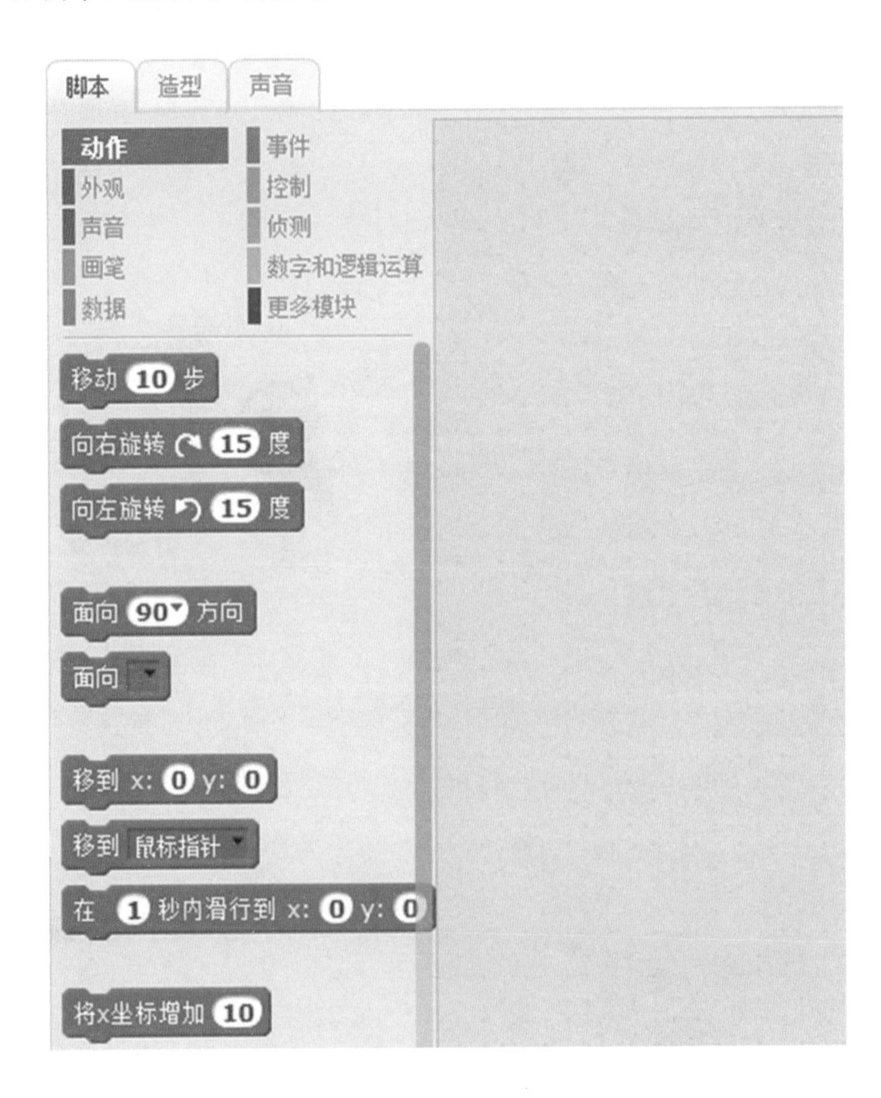

这个区域其实有三个标签，单击不同的标签有不同的功能。这里以脚本区域为例：

脚本区域其实是分两部分的，一部分是脚本区域，一部分是模块区域。有什么不同呢？脚本区域就是你节目的剧本，让每个角色明白自己什么时候应该做什么。那么模块区域呢？电脑只是一台机器，你使用 Scratch 给角色写脚本，只能用模块区域的命令模块去写。模块区域就是存放这些命令模块的地方。编辑剧本是通过把这些模块拖拽到脚本区域来进行的，当然，这些模块的组合必须要满足某些逻辑关系，这也是咱们学习的主要内容。

喵喵闹：完全吓呆了，这么复杂，这个东西好没意思……

钛大师：不要气馁，喵喵闹。上面的说明只是让你了解一下软件的整个情况，其实在目前这个阶段，你只要明白文件菜单下的“新建项目”“打开”“保存”“退出”就足够了。

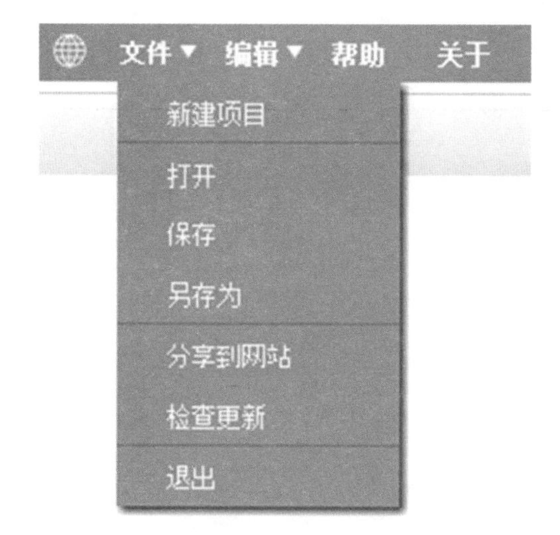

Scratch 菜单截图

①新建项目。

你正在制作的东西可能是动画，可能是程序，也可能是游戏，但无论是什么，Scratch 2.0 把这些统称为“项目”。

②保存。

制作了东西肯定要存起来，要不然就是白费力气。点下“保存”后，记得选择一个常用的文件夹，然后输入一个有助于自己记忆的文件名，按下“保存”按钮。如果舞台的左上方显示出你刚刚输入的文件名，就说明已经保存好了。“另存为”和“保存”的功能差不多，只不过是将当前作品换一个名字保存起来。

③打开。

上次保存的东西，这次继续使用就要用到“打开”功能了：点击“打开”菜单，弹出文件浏览对话框，找到上次保存的文件，选中，然后点击“打开”按钮；也可以在对话框里直接双击，或者在资源浏览器里直接双击上次保存的文件。

④退出。

东西用完要收拾，软件用完也要关掉。一般点击软件右上角的“×”来关闭它，这个和点击文件菜单中的“退出”基本是一样的。退出的时候，如果你没有保存项目的话，Scratch 2.0 会弹出对话框问你是否保存。

喵喵闹：这么点东西倒好理解。

二、钛大师秘籍

秘籍 1：点击语言图标的时候按住 shift 键，可以有更多选项。

秘籍 2：拖动“*.sb”文件到 Scratch 界面上松开，也可以打开 Scratch 文件。

三、动手练习

要求：

新建一个项目，并保存为“喵星人の初章”文件。

四、参考示例

扫描二维码

查看演示步骤

Part 2

喵喵闹初登舞台

★ 创建新的角色 ★

★ 创建新的背景 ★

一、钛大师课堂

钛大师：要在舞台上表演一个节目，首先你得让大家知道有谁，在哪里，发生了什么事儿。可现在的舞台上，除了一只不相干的猫之外什么都没有。而这只猫，好像也没有喵喵闹长得帅。

喵喵闹：实话我还是爱听的。

钛大师：那么先来做一件事，就是把这只不相干的猫请出去，在角色区域选中这只猫，然后点击鼠标右键，在弹出的菜单里选择“删除”，这只猫就不见了。

删了小猫，开始考虑把喵喵闹放进去。在此之前，先来认识一下角色工具栏。它在舞台区域的下方，角色区域的上方，场景工具栏在角色区域的左方，它们都包含四个按钮，因为它们的功能非常相近，下面一起来研究一下它们的用法。

新建角色:

新建背景

喵喵闹：我只是想让自己进去而已，怎么要讲这么多按钮……

钛大师：这些按钮都是最基础的，只要自己动手操作上几次，就可以完全掌握。

1. 从角色库 / 背景库 中选择

Scratch 的角色库里可以说应有尽有，只要你能想到的分类基本上都找得到，可以很方便地根据剧情需要选择不同的角色形象或者背景。

通过该窗口，我们可以根据分类找到我们需要的角色并添加到我们的作品中。要加入一个角色，我们只需要选择某个分类文件夹，然后选择我们想要的图片，最后单击“确定”按钮。新增的角色将会出现在舞台中央，并且在角色列表中将会增加一个缩略图来表示这个新增的角色。

2. 绘制新角色 / 新背景

角色库当然不是万能的，真正万能的是绘制新角色功能。单击该按钮将启动 Scratch 的绘图编辑器。绘图编辑器提供了在透明背景上绘制角色所需要的所有功能。绘图编辑器稍微复杂一点儿，明天我会详细地介绍绘图编辑器。

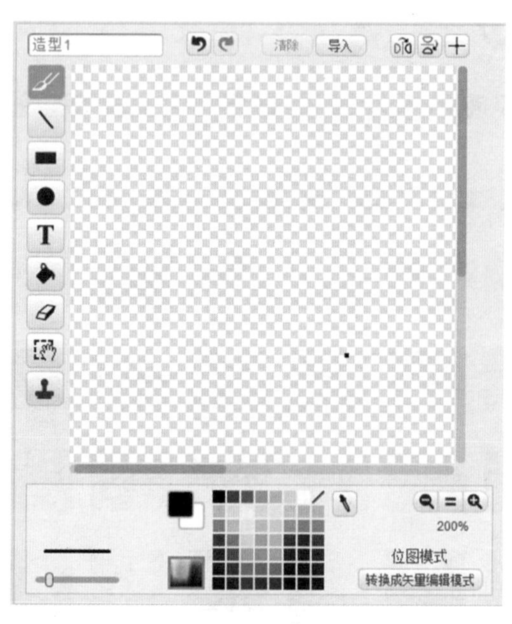

3. 从本地文件导入新角色 / 新背景

也许你真的对绘画没有天分，而且在角色库里也没有你想要的形象。这个时候，你在其他的地方获取的素材，一样可以导入到 Scratch 里。这个用法比较简单，点击 ，打开文件选择对话框，直接选中要导入的角色文件，点击“打开”按钮就可以了。试试从素材文件夹导入“喵喵闹 .png”。

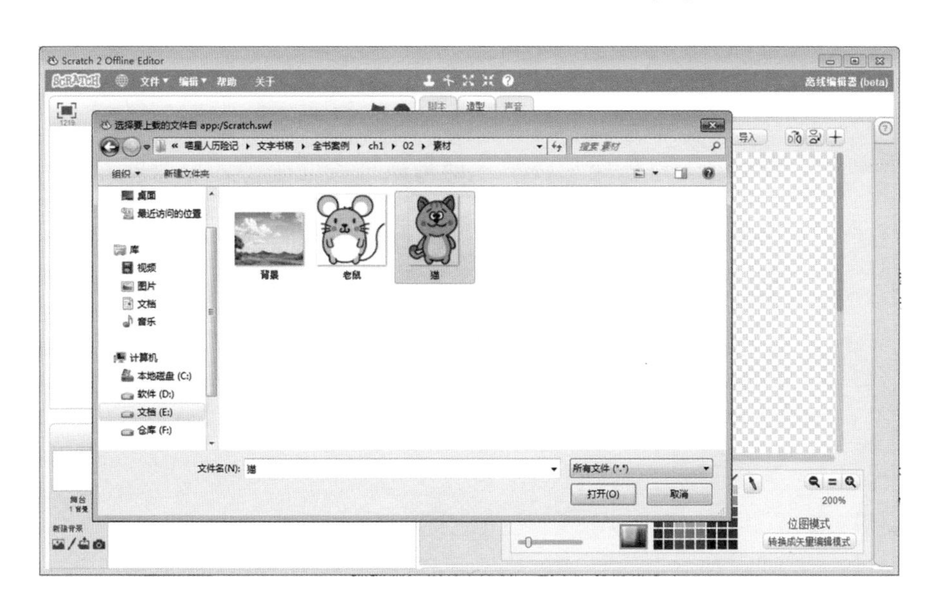

4. 拍摄照片当作角色 / 背景

如果你的电脑有摄像头的话，使用实际拍摄的照片作为角色也是个不错的选择。想一想，你做的游戏可以直接用自己的照片作为主角，自己的卧室作为场景，那简直太帅了！

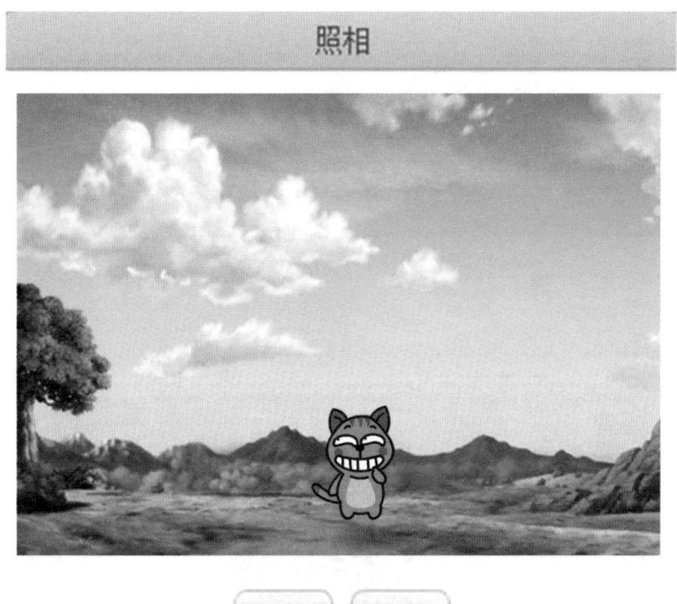

喵喵闹：不管怎么样，终于把我放进来了。

二、钛大师秘籍

这里介绍的无论是角色还是背景，都是新增，并不是去更改或者替代。一定要记住，你点击这里的几个按钮新建的背景或者角色，都是在给你的游戏增加元素，注意经常点击造型选项卡观察一下，这将是一个非常好的习惯。

三、动手练习

要求：

删掉默认的猫，把素材里的喵喵闹和背景图加进来。哦，还有一只老鼠。

四、参考示例

扫描二维码

查看演示步骤

Part 3

主角配角别抢戏

★ 初步使用角色列表 ★

★ 使用角色详细信息改变角色 ★

★ 使用角色工具栏改变角色位置和大小 ★

一、钛大师课堂

钛大师：舞台上有了场景，站齐了演员，可是怎么还是感觉哪儿有点儿不对劲。

喵喵闹：哪来的这么大个的家伙？别站在我前面啊，挡住我了。还有，我不要在天上飘着！

钛大师：要演一出好戏，舞台上的站位也是很重要的。角色的位置比较容易调整，直接用鼠标左键拖动就好了。可是出现了一只比猫还个大的老鼠，这就比较麻烦。咱们先来介绍一下角色调整的相关功能。

1. 选中角色

在角色列表中，直接点击角色的缩略图，当前的角色会在缩略图的外面有高亮的蓝线，这代表该角色已经被选中，可试着在舞台上拖动角色。选中的角色，可以通过右面脚本、造型、声音面板来对这些条目进行相应的修改。

2. 复制、删除和导出角色

右键单击角色列表中的角色缩略图会弹出包括以下命令的菜单。

复制：为当前角色创建副本。

删除：从当前作品中删除该角色。

保存到本地文件：将该角色导出为其他作品可以导入的文件。

复制
删除
保存到本地文件
隐藏

也可以在舞台上右键单击角色来复制、删除或导出。

3. 调整角色工具条

在程序的上方，有一个关于角色调整的工具条，这个工具栏有五个按钮，分别是复制、删除、放大、缩小，以及帮助。这五个按钮的功能和它的名字基本是一致的。至于用法，也都一样：点击要使用的按钮，鼠标会变成相应功能的图标，然后在要操作的角色上点击一下，就可以看到工具的效果了。

复制：为当前选择的角色创建一个包括脚本、造型和声音所有内容在内的副本。

删除：从当前项目中删除包括脚本、造型和声音在内的一个角色。

放大角色：当一个角色的大小不能满足要求时放大该角色。

缩小角色：当一个角色的大小不能满足要求时缩小该角色。

喵喵闹：懂是挺好懂，可是在别的软件里，剪刀图标都是“剪切”的意思，在这里怎么是删除？

钛大师：喵喵闹发现的问题很重要哦，继续学习吧。

4. 其他角色属性调整

在角色列表选中角色以后，会发现角色缩略图的左上方会出现一个叹号的图标，单击这个图标，会出现角色属性的面板。在这里，你可以修改角色的名字、角度、旋转模式以及是否在场景当中显示等多个属性。

喵喵闹：我是不是可以在这里把我的名字改成"喵霸天"之类的，更威风一点。

钛大师：名字只是个代号，能让电脑找到这个角色是最重要的，叫什么都无所谓。

二、钛大师秘籍

角色的前后位置调整，一般是在舞台上选择哪个角色，哪个角色就在最前面。另外，在角色区域可以把妨碍操作又不能删除的角色暂时隐藏。

不同位置的喵喵闹和耗子淘

三、动手练习

要求：

把喵喵闹和耗子淘都放在合适的位置，并调整它们的大小比例，自己感觉到协调就好。

四、参考示例

扫描二维码

查看演示步骤

Part 4

一切行动听指挥

★ 认识 Scratch 作品的制作流程 ★
★ 懂得脚本面板的编程方法 ★
★ 学会使用“当绿旗被点击”命令模块 ★
★ 学会使用“说……”命令模块 ★
★ 学会使用“等待……秒”命令模块 ★

一、钛大师课堂

钛大师：现在舞台架好，演员到位，站位也很协调，看我信号，你们开演吧！

喵喵闹：什么信号？

钛大师：对，现在先讲一下信号的问题。

你的戏排得再好，电脑也要得到一个开始的信号才能开演。在 Scratch 2.0 当中，这个开始的信号，就在控制区域，注意到这个绿色的小旗 了吗？这就是开始的按钮，在它旁边，这个红灯一样的按钮 ，就是停止的按钮。现在我点绿色的按钮，你们开始表演。

喵喵闹：你让我们演什么啊！！！

钛大师：“剧本”会告诉你。

没有剧本，演员不知道自己要做什么，它们只会在你放置它们的地方傻站着。那剧本在哪里呢？剧本就在脚本区域。可是这里不允许随便写字，它只允许你使用命令模块来编写。这些命令模块能够操作角色并响应用户的行为。

在 Scratch 中，由命令模块构成的脚本隶属于各个角色。每个角色可以拥有一个或多个脚本，同样，舞台也可以拥有一个或多个脚本。

当我们要编写脚本时，首先要选择该脚本属于的角色（或者是舞台）。可以通过单击角色列表中的缩略图来选择角色或舞台。当我们想要为角色添加脚本时，可以通过拖拽模块到角色的脚本区域来完成。

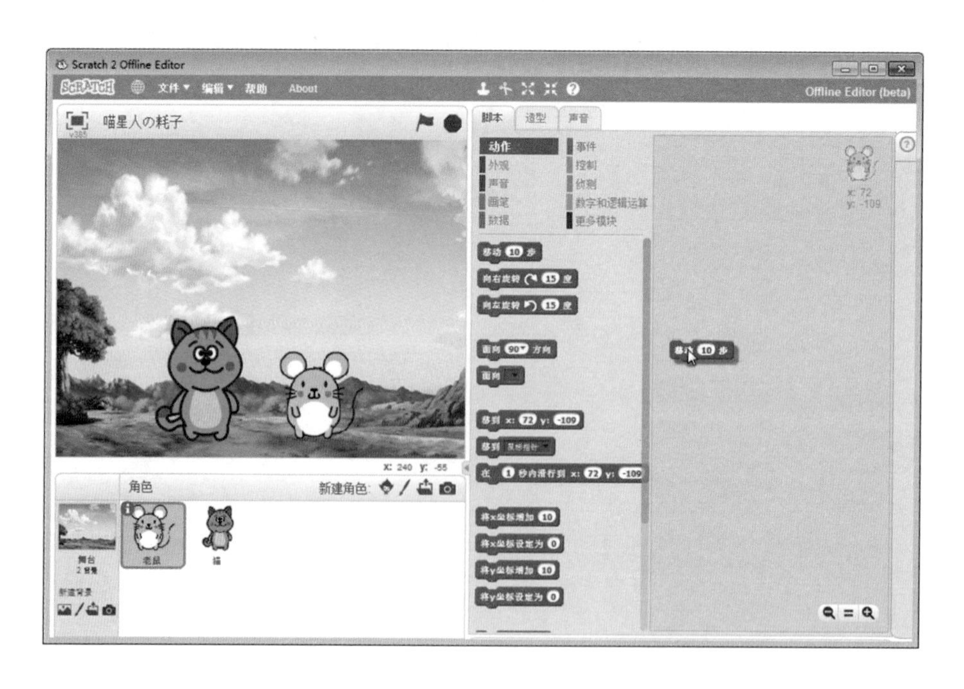

模块区域被分为两个部分，在顶部有八个不同颜色的标签按钮，每个按钮代表一组命令模块。每组命令模块都有不同的颜色，所以我们可以很方便地知道某个模块属于哪个分组。

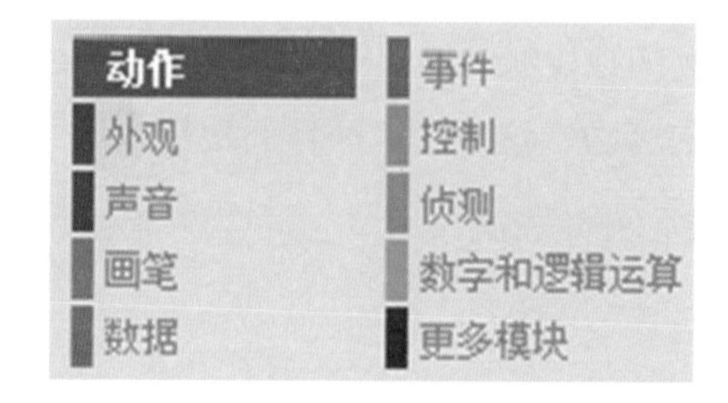

点击外观选项卡，找到“说……”命令模块 说 Hello! 。把它拖动到喵喵闹的脚本区域去。在脚本区域里，这种白色背景的文字，是表示可以使用键盘更改的内容，咱们在这里点击一下，输入“你好”。

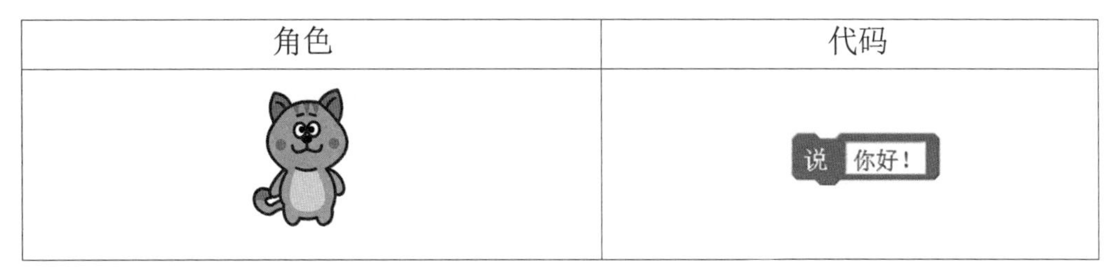

角色	代码
	说 你好！

喵喵闹：明白了！这是让我对耗子淘说“你好”。

钛大师：做得非常好，现在我点绿色的小旗，咦，你怎么还不说话？

喵喵闹：我的剧本只有一句“你好”，你又没说我现在就说台词。

钛大师：非常有道理，这么写剧本，谁也不知道自己该什么时间做什么。需要一个条件。

在控件区域点击“事件” 事件 ，找到“当绿旗被点击”命令模块 当 被点击 ，拖动它到“说 你好”的上方，模块旁边出现白线的时候松开鼠标按键。当你在拖动上面模块的时候，下面的模块会跟着动，这就说明，两个命令模块已经拼接到一起了，它们会连在一起产生作用。现在我再来点击“绿旗” 的话……

钛大师：起作用了，但你看，耗子淘都不搭理你。为什么呢？

喵喵闹：因为耗子淘还没有脚本呢！我也给它加上模块脚本，让它也来对我说“你好”怎么样？

钛大师：可是一起说“你好”是不行的，你点击绿旗 以后，两个人同时说话并不符合常规，这不是我们想要的效果。怎么样才能做到一问一答的效果呢？我们找到“控制” 控制 分类下的“等待 1 秒”命令模块 等待 1 秒，把它拖动到耗子淘的脚本里，最后的模块是这个样子的：

角色	代码
	当 被点击 说 你好！ 等待 1 秒 说 我叫喵喵闹，你呢？ 等待 1 秒 说 啊，真巧真巧

钛大师：试一下，看看效果怎么样。

二、钛大师秘籍

秘籍 1：除了使用绿色小旗，通过双击命令模块中的任意一个模块也是可以运行模块指令的。

秘籍 2：命令模块之间是通过模块上方和下方的凸起和凹槽来拼接的。注意观察模块的形状，就能知道什么样的模块可以拼接在一起。

秘籍 3：“说……2 秒”命令模块，自带说话的时间。

三、动手练习

要求：

根据下面的剧本，制作两个人的对话。

对话剧本：

喵喵闹：你好！

耗子淘：呃，你好。

喵喵闹：我来自喵星，你去过吗？

耗子洵：知道，可从没去过那里。

喵喵闹：太遗憾了，我们那可好了。

耗子洵：是吗？

喵喵闹：我们喵星风景优美，物产丰富，人民勤劳善良，公主还特别漂亮。

耗子洵：那你天天都做什么啊？

喵喵闹：天天没什么事儿啊，溜达溜达逛个街，打个酱油什么的。

耗子洵：哦。

喵喵闹：对了，我叫喵喵闹，你叫什么啊？

耗子洵：我叫酱油。

喵喵闹：……

四、参考示例

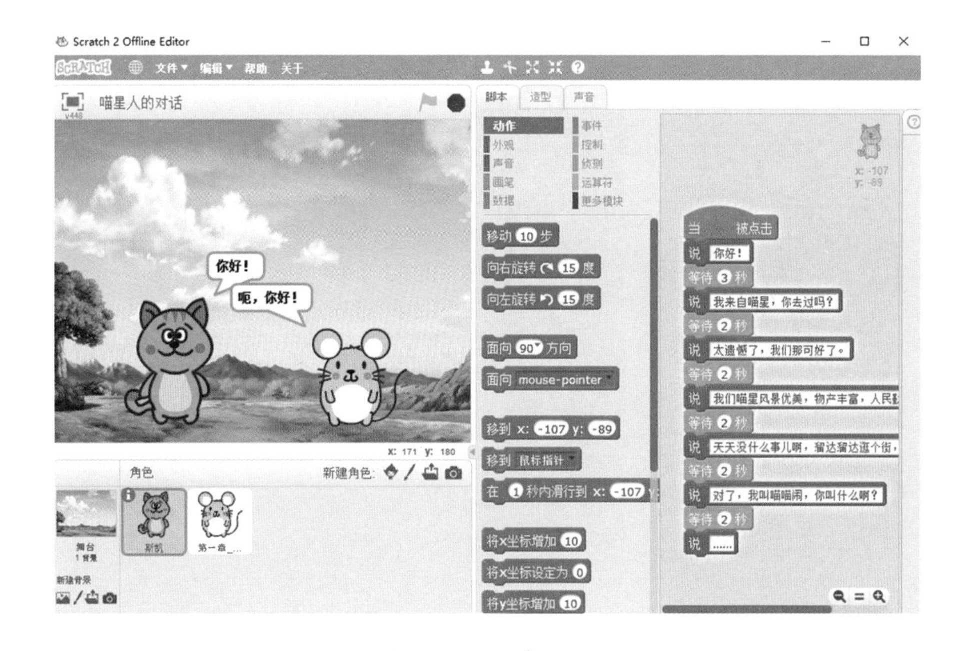

角色	代码
	当 被点击 说 你好！ 等待 3 秒 说 我来自喵星，你去过吗？ 等待 2 秒 说 太遗憾了，我们那可好了。 等待 2 秒 说 我们喵星风景优美，物产丰富，人民勤劳善良，姑娘还特别漂亮。 等待 2 秒 说 天天没什么事儿啊，溜达溜达逛个街，打个酱油什么的。 等待 2 秒 说 对了，我叫喵喵闹，你叫什么啊？ 等待 2 秒 说 ……
	当 被点击 等待 2 秒 说 呃，你好！ 等待 2 秒 说 知道，可没去过那里。 等待 2 秒 说 是吗？ 等待 2 秒 说 那你天天都做什么呢？ 等待 2 秒 说 哦！ 等待 2 秒 说 我叫酱油。

扫描二维码

查看演示步骤

DAY 2
第 二 天
大魔王降临

喵喵闹跟随钛大师学喵星绝技学得如火如荼，但不知道是谁走漏了风声，大魔王知道了这件事情，随即将公主藏了起来，并火速飞到喵星。这一天，一层迷雾笼罩了大地，整个喵星处于黑暗之中。天地间一片哀号，魔王真的来了！

Part 1

演员的自我修养

★ 学习使用绘图编辑器 ★

★ 尝试新建、修改造型和背景 ★

一、钛大师课堂

钛大师：喵喵闹，这节课开始学习“造型”啦！

如果在一个节目里，演员从开始到结束都一个动作、一个表情，那么观众肯定看不懂这个节目。在 Scratch 2.0 里，它有一个功能可以解决这个问题，让角色有不同的动作、表情、状态，这个功能叫作“造型”。

喵喵闹：我点了造型选项卡，这不是新建角色的时候出现的功能吗？

钛大师：点击新建角色或者背景的时候，出现的也是这个界面。这个界面可以看作一个简单的绘图程序，Scratch 可以通过使用自带的绘图程序来绘制或者修改自己需要的角色造型。

这个绘图编辑器虽然不及专业的绘图软件，但是它包含了我们绘制角色造型或背景时所需要的基本功能。Scratch 的绘图编辑器分为控制按钮、画布、工具栏、工具选项、调色盘、当前颜色等区域。

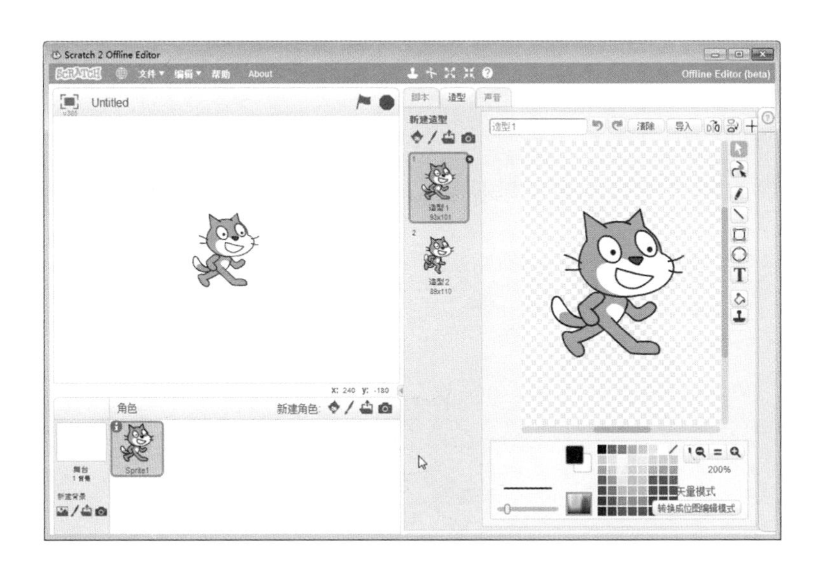

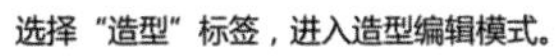
选择“造型”标签，进入造型编辑模式。

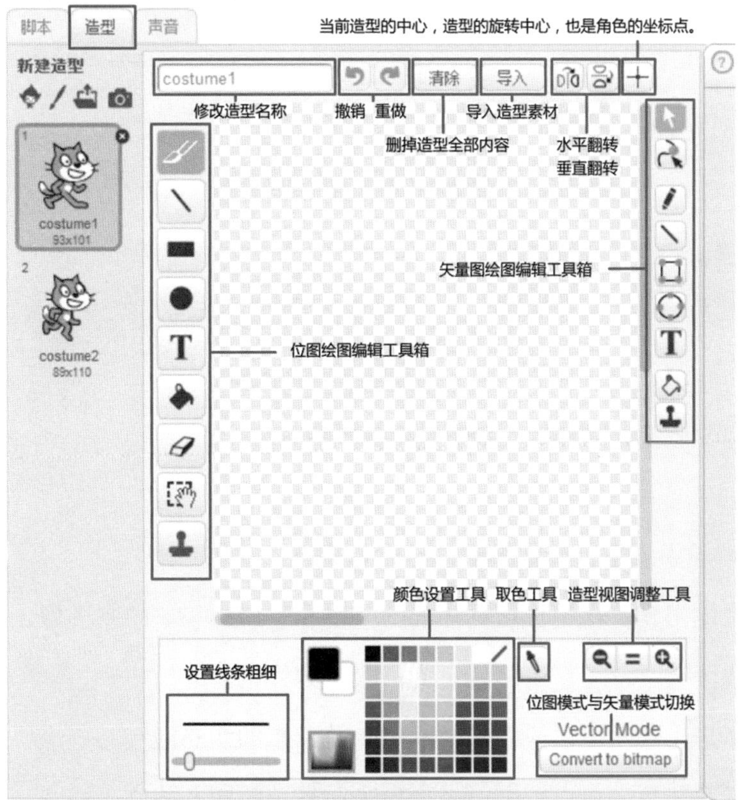

1. 画布

在绘图编辑器的界面上，大部分的区域都属于画布。首先从工具栏中选择绘画工具，然后利用鼠标来绘制图像。绘图时还可以选择颜色和特效。当图像无法在画布的可视范围内全部显示时，可以通过位于画布右侧和下方的滚动条来查看图像的其他内容，也可以使用右下角的缩放按钮 来临时缩放画布。

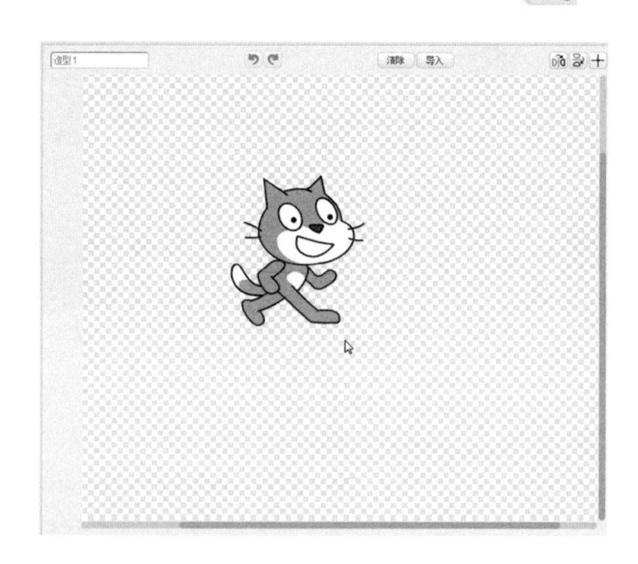

2. 工具栏和工具选项

Scratch 图像编辑器的工具栏在两种模式下有所不同，一种是“位图编辑模式”，一种是“矢量编辑模式”。选择某个工具后在下方的工具选项中可以选择工具的参数。

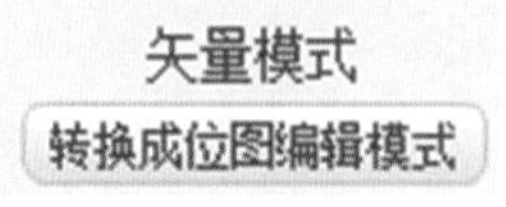

位图编辑模式下，图像编辑器包含以下常用工具：

画笔工具：根据你所选择的前景色和笔刷大小来绘制图像。

线段工具：可以绘制颜色为前景色的线条。

矩形工具：可以绘制一个颜色为前景色的实心或空心矩形。

椭圆工具：可以绘制一个颜色为前景色的实心或空心椭圆。

T 文本工具：可以在画布上输入指定字体和字号的文字。

填充工具：可以向一个闭合区域填充单一颜色或渐变色。

擦除工具：可以在画布擦除橡皮擦大小的图像，擦除后为透明的背景。

选择工具：可以移动、修改或删除一个矩形区域。

图章工具：允许选择一个矩形区域作为图章复制到其他位置。

矢量编辑模式下，图像编辑器包含以下常用工具：

选择工具：选择、移动画布上的矢量图形。

变形工具：通过调整锚点，可变换矢量形状，使线条平滑。

铅笔工具：通过鼠标绘制矢量线段，结合变形工具绘制平滑的线条。

直线线段：可以绘制矢量直线线段。

椭圆工具：可以绘制一个颜色为前景色的实心或空心椭圆图形。

矩形工具：可以绘制一个颜色为前景色的实心或空心矩形图形。

文本工具：可以在画布上输入指定字体和字号的文字。

填充工具：可以向一个闭合区域填充单一颜色或渐变色。

图章工具：允许选择一个矢量图形作为图章复制到其他位置。

上移一层：将选择的图形上移一层，以调整矢量图形的前后关系。

下移一层：将选择的图形下移一层，以调整矢量图形的前后关系。

滴管工具：色彩选取工具，允许从画布上选取前景色。

组合工具和取消组合工具：在选中多个图形的时候，它们的作用是把多个矢量图形进行分组或者解组操作。

大部分的绘图工具都有可配置的参数，通过配置这些参数可以使这些绘图工具实现不同的功能。例如下图中填色工具可以选择实色、水平渐变、垂直渐变和径向渐变四种不同的填色方案。

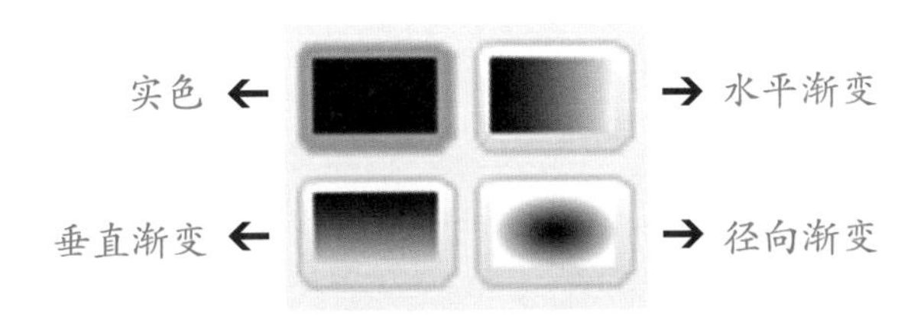

3. 绘图编辑器的控制按钮

无论哪种绘图模式，绘图编辑器都包括一些控制按钮。

放大：将画布的内容放大，以便观察局部。

缩小：将画布的内容缩小。

查看全部：将画布内容适应视图大小。

左右翻转：水平方向翻转画布。

上下翻转：垂直方向翻转画布。

导入 导入：打开计算机上的一个图片，并绘制到画布上。

清除 清除：清除画布上的所有内容。

撤销：撤销上一次的操作。

重做：重做上一次撤销的操作。

4. 其他需要知道的功能

①颜色设置。

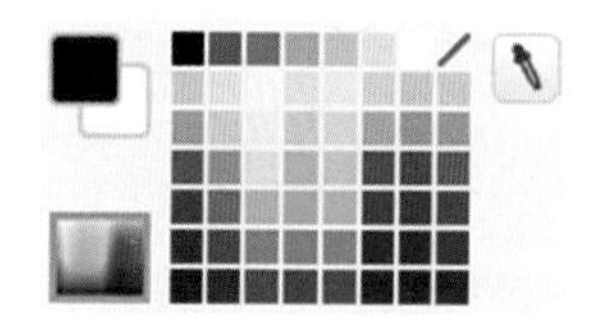

在绘图编辑器中可以从调色盘选取前景色和背景色。从调色盘上选取的颜色会被设置为前景色，通过单击前景色或背景色可以实现互换。

②设定旋转中心。

这是绘图编辑器的一个重要功能。单击设定旋转范围后，在画布上会出现十字线 + 。可以通过拖拽改变十字线的位置。十字线的交点就是将来角色在舞台上旋转的中心。

③给造型命名。

costume1

造型的名字

Sprite1

角色的名字

每个角色有自己的名字，角色的每个造型、舞台的每个背景都有自己的名字。在画布左上角，养成给自己绘制的每一个造型起一个相应名字的好习惯，在后期制作的时候会方便很多。

二、钛大师秘籍

在制作的过程中如果需要一些特殊字体，建议使用系统自带的画图工具制作，然后输出成 png 格式的图片再导入到 Scratch 里。

三、动手练习

要求：

任务 1：绘制喵喵闹和耗子淘不同的造型，例如说话的神态，惊奇、伤心、开心等表情。

任务 2：熟悉各个绘画工具的用法，给喵喵闹绘制几种兵器，并且绘制出喵喵闹装备这几种兵器时的形态。

四、参考示例

喵喵闹表情示例

喵喵闹兵器示例

喵喵闹：居然是宝剑、大刀、长矛这些东西！我不，我要枪！我要炮，我要坦克和弹药！

钛大师：我觉得你有爪子就够了……

扫描二维码

查看演示步骤

Part 2

被惹怒的喵喵闹

★ 用命令模块切换舞台背景 ★

★ 用命令模块切换角色造型 ★

★ 了解命令模块的通用分类及特点 ★

一、钛大师课堂

钛大师：现在咱们的主角们终于有表情了，可老张着嘴说话或者闭着嘴说话，给人的感觉很奇怪。只有一张一合的时候，才有说话的感觉，对吧？

喵喵闹：同意！“喵”的时候要张嘴，“呜”的时候要闭嘴。

钛大师：只有在不同造型之间切换，才能给人动的感觉。怎么切换造型呢？这里得用Scratch的命令模块。在Scratch中，有关造型的命令模块主要都在“外观”标签分类下。

外观标签下的命令模块用来改变角色或背景的外观以及在气泡中显示文字。有些命令模块可以改变角色或背景的造型或颜色，有些模块可以改变角色的大小及是否在舞台上显示。

喵喵闹：外观标签下的命令模块好像都是紫色的。

钛大师：是的，喵喵闹你观察得很仔细。今天，咱们就主要学习两个关于造型的命令模块，切换角色的造型用以改变角色的外观。

1. 下一个造型 下一个造型

切换到造型列表中的“下一个造型”以改变角色的造型，如果造型在结尾处则切换至第一个造型。

在一些比较简单的动作中可以使用这个命令模块，例如眨眼、说话、走路等。如果想让耗子淘眨眼，那就需要睁眼和闭眼这两个造型循环。

2. “将造型切换为……” 将造型切换为 costume2

这个命令模块的作用是将角色造型切换为指定的造型。这时候，给造型起好名字的习惯就很重要了，你可以直接根据名字来选择自己需要的角色造型。如果你不去改名字的话，角色造型的名字是由 Scratch 自动来进行命名的。例如耗子 1，耗子 2，耗子 3……这样你很容易搞不清楚哪一个造型才是你需要的。咱们现在试试，来，耗子淘，给大家笑一个，再哭一个，再笑一个……

耗子淘：哈哈，呜呜，耶……你折腾死我得了！

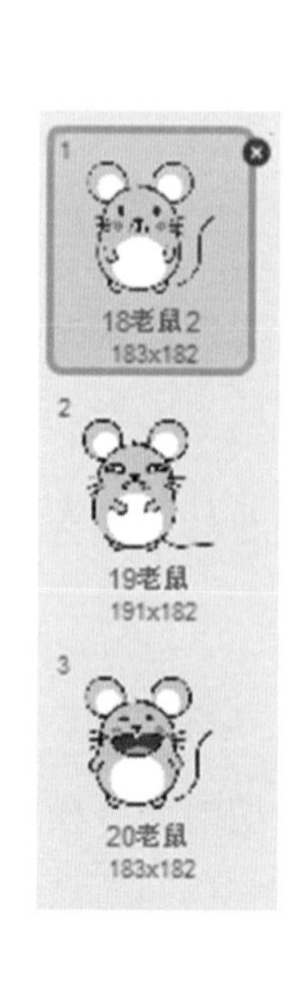

除了使用造型的名字来指定切换，还可以使用造型的编号，Scratch 一样可以找得到造型。打开造型面板，在造型的缩略图左上角有一个数字，这个数字就是造型的编号。

3. 改变舞台的背景 将背景切换为 backdrop1

舞台有改变背景对应的模块，它们的功能和改变角色造型的命令模块功能类似。例如现在，咱们可以根据耗子淘的表情，给它搭配上不同的背景。

耗子淘：折腾一次还不够啊！

钛大师：烘托气氛嘛！改变舞台背景，其实还是一个触发事件。

在事件标签下，找到“当背景切换到……”命令模块 当背景切换到 backdrop1，这个命令模块形状和“当绿旗被点击”非常相似，上半部分是圆弧，没有凸起或者凹槽，这说明它们是一类的命令模块。

现在当背景被切换的时候，耗子淘的造型也跟着变化。

耗子淘：这是第三次！

Scratch 提供了 100 多个命令模块，每个命令模块都可以实现一个特定的功能。根据它们的用法，可以简单地分成三类。

①功能命令模块。

Scratch 模块中数量最多的就是功能命令模块。功能命令模块是指在模块顶部有一个凹槽，在底部有一个凸起的命令模块。这个凸起和凹槽暗示了命令模块之间应该如何拼接：该命令模块可以拼接到底部有凸起的命令模块下方，而命令模块底部的凸起则表明可以拼接到顶端有凹槽的命令模块上方。此外还有一种是嵌套型的，该命令模块重复判定条件，如果条件成立就执行嵌入到其插槽中的所有命令模块。

②嵌套型的命令模块。

某些命令模块中有一个可以输入的输入孔，例如刚才咱们用到的“说……” 说 Hello! 说 Hello! 2 秒 和“思考……” 思考 Hmm... 思考 Hmm... 2 秒，这个输入孔有方形的，有圆形的。方形的可以在输入孔中输入文本，圆形的可以来输入数值，或者嵌入别的命令模块。如果想要修改输入孔中的数据只需要单击输入孔，然后输入新的值。还有一些命令模块可以使用下拉菜单来配置，如现在咱们正在学习的“将造型切换为”。

③启动命令模块。

启动命令模块是一种顶部是圆弧或曲线，底部有凸起的命令模块，这说明这种类型的命令模块只能放置到其他命令模块的上面。启动命令模块可以响应对应的事件，例如“当绿旗被点击”，“将背景切换为……”。包含启动命令模块的命令模块组可以对这类事件做出反应，当检测到事件发生后会运行启动命令模块下方拼接的所有命令模块。

④数据命令模块。

数据命令模块有相当一部分在“侦测”标签分类下，所以也可以叫侦测命令模块。它是给别的命令模块提供数据的模块，其外形特征是没有凹槽或者凸起，两侧是圆头或者尖头，说明它们可以镶嵌到其他拥有圆形或矩形凹槽的命令模块上。区别就是圆头的数据模块提供的是具体的数据，但是尖头的数据模块提供的只能是“真”或“假”。

还有一种数据命令模块的左侧有一个复选框，例如“背景名称”模块。这个出现在命令模块左侧的复选框表示该模块可以把数据命令模块获得的值显示到舞台上。

喵喵闹：耗子淘，你变换自己造型的时候要喊出来。你看很多主角在换造型的时候都喊“变身”什么的……

二、钛大师秘籍

秘籍 1：切换造型要和本来的造型区别开，另外要留出展示的时间来，否则看不到切换的效果。

秘籍 2：“真”或者“假”，“是”或者“否”这种数据，在通常情况下叫作“布尔型”数据，一般用于判断。Scratch 是没有明确自己的数据类型的，所以知道命令模块的形状和用途有区别就行了。

三、动手练习

要求：

根据剧本制作动画，在角色发言的时候注意调整嘴巴、眼睛的动作。并根据角色的情绪切换造型。

剧本：

喵喵闹：传说是真的，真的有大魔王！

耗子淘：那咱赶紧跑吧。

喵喵闹：跑哪里去？公主在皇宫都被抓了！

耗子淘：啊？那公主好惨。

喵喵闹：惨？怎么了？

耗子淘：传说魔王喜欢虐待公主。

喵喵闹：虐待？是吃掉吗？

耗子淘：好像不是吃掉，但会吃公主的饼干……

喵喵闹：……

耗子淘：还会穿公主的衣服……

喵喵闹：……他穿得下？

耗子汹：欺负欺负喜欢公主的人……

喵喵闹：什么？我跟他拼了！

耗子汹：你怎么了？

喵喵闹：什么都别说了，跟我去救公主！

四、参考示例

角色	部分代码
	当 被点击 说 传说是真的，真的有大魔王！ 将造型切换为 喵A0001 等待 0.3 秒 将造型切换为 喵A0002 等待 0.3 秒 将造型切换为 喵A0001 等待 0.3 秒 将造型切换为 喵A0002 等待 0.3 秒 将造型切换为 喵A0001 等待 0.3 秒 将造型切换为 喵A0002 等待 0.3 秒 说 等待 2 秒 说 跑哪里去？公主在皇宫都被抓了！ 将造型切换为 喵A0001 等待 0.3 秒 将造型切换为 喵A0002 等待 0.3 秒 将造型切换为 喵A0001 等待 0.3 秒 将造型切换为 喵A0002 等待 0.3 秒 将造型切换为 喵A0001 等待 0.3 秒 将造型切换为 喵A0002 等待 0.3 秒 说 等待 2 秒 说 惨？怎么了？ 将造型切换为 喵A0001

角色	部分代码
	当 被点击 将造型切换为 老鼠A 等待 1.9 秒 说 那咱赶紧跑吧。 将造型切换为 老鼠B 等待 0.3 秒 将造型切换为 老鼠A 等待 0.3 秒 将造型切换为 老鼠B 等待 0.3 秒 将造型切换为 老鼠A 等待 0.3 秒 将造型切换为 老鼠B 等待 0.3 秒 将造型切换为 老鼠A 等待 0.3 秒 说 等待 1.9 秒 说 啊？那公主好惨。 将造型切换为 老鼠B 等待 0.3 秒 将造型切换为 老鼠A 等待 0.3 秒 将造型切换为 老鼠B 等待 0.3 秒 将造型切换为 老鼠A 等待 0.3 秒 将造型切换为 老鼠B 等待 0.3 秒 将造型切换为 老鼠A

扫描二维码

查看演示步骤

Part 3

神兵利器握在手

★ 响应键盘和鼠标 ★

★ 显示和隐藏 ★

★ 应用图形特效 ★

★ 改变角色大小 ★

★ 使用“说话”和“思考”命令模块 ★

一、钛大师课堂

喵喵闹：我不能再让魔王欺负公主了，我现在就要出发！

钛大师：可是大魔王很厉害，你要赤手空拳地去吗？快，带上刚才画的各种兵器。喵喵闹，现在就来选一个兵器，拿上兵器再出发。

1. “说话”和“思考”

Scratch提供了四个命令模块用来在舞台中显示文本，让角色看起来就像在说话或思考一样。它们分别是：“说……” 说 Hello! ；“说……秒” 说 Hello! 2 秒；“思考……” 思考 Hmm... ；“思考……秒” 思考 Hmm... 2 秒。

说话和思考气泡框的外观区别：

四个命令模块都是用来在发言气泡框中显示文本，但有带不带“秒”的区别。有秒数的命令模块可以指定持续显示的时间，而不带“秒”的命令模块则会永久显示，直到被新的气泡文本框替换。

喵喵闹：为什么不简单点？显示个文本都搞这么复杂。

耗子淘：我倒感觉很合理，遇到不同情况可以用不同的命令。

2. 按键和点击

和电脑交流最常用的设备就是鼠标和键盘，在 Scratch 当中，提供了几个命令模块来响应鼠标和键盘的操作。它们是："当按下……键" 当按下 空格键 ；"当角色被点击时" 当角色被点击时 。分别响应键盘按下按键，还有鼠标点击角色的时候触发的事件。例如下图这样，就表示当喵喵闹被点击的时候，它会张开嘴。

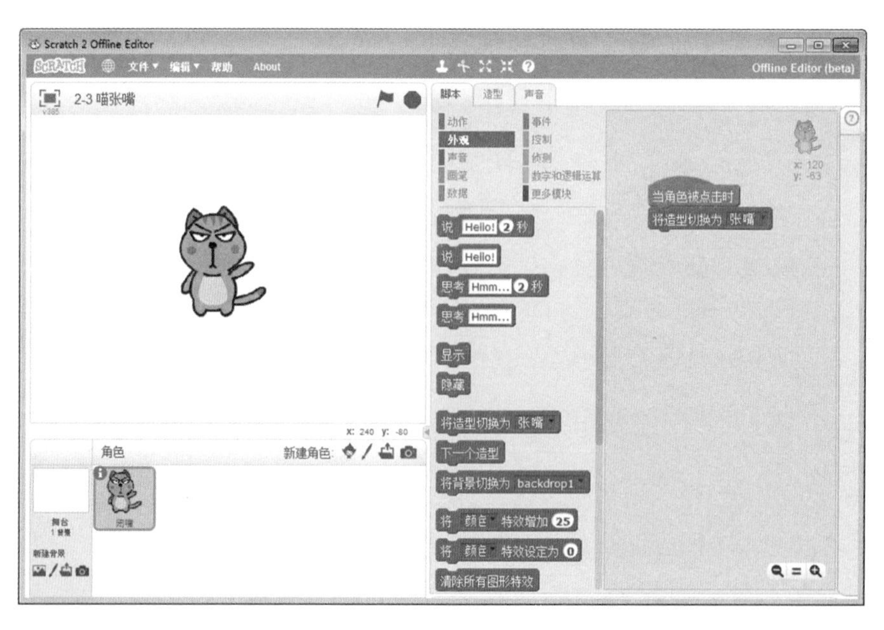

喵喵闹：你在捉弄我！我是要拿兵器，又不是要吃兵器！你老让我张嘴干吗？

耗子淘：你总要有个表情来表示你对兵器很满意吧？

喵喵闹：你对满意的表示就是要张嘴吃了它么？我说"行"就可以了。

3. 显示 显示 和隐藏 隐藏

演员表演也不一定始终在舞台上待着，咱们的角色也一样。喵喵闹既然不喜欢张嘴，那就用命令模块来控制，当它被点击的时候，它消失掉好了。

喵喵闹：不要，让我回来！

钛大师：自己研究一下，怎么让隐藏的角色恢复显示呢？

4. 角色的层次

所谓层，就是层次，指在舞台当中角色的前后关系，最上层就是最前面，底层就是最后面。Scratch 中，每个被添加到舞台中的角色都被分配了一个图层。我们在作品中添加一个角色，角色就被放置在一个图层。再添加第二个角色，第二个角色将会被置为最顶端的图层，就在第一个角色前面的图层。每个新添加的角色都会被放置到顶端，除非之后又添加了新的角色或用户移动了其他角色，被用户移动的角色将放置在最顶层。

程序执行时，需要更改角色的所在图层可以使用“移至最上层”命令模块 移至最上层 和“下移……层”命令模块 下移 1 层 。使用第一个命令模块可以将当前角色放置到最上层，第二个命令模块用来将当前角色下移至指定的层数。

5. 改变角色大小

与角色大小相关的命令模块有三个，它们分别是：“将角色的大小增加……” 将角色的大小增加 10 ；“将角色的大小设定为……” 将角色的大小设定为 100 ；“大小” 大小 。每个命令模块的功能从字面上理解就可以，可能让人困惑的是后面数值的大小代表什么？其实这里的数值是百分比的意思，默认的角色大小值是 100，那么增加 10，就是 110% 大小的角色。同样，你把角色大小设置为 200，那么角色大小就是原来的 2 倍。

“大小”是一个数据模块，点选前面的复选框，可以把角色的大小数值显示到舞台上，你也可以把它作为数据镶嵌到别的命令模块里去。咱们做个练习，点击喵喵闹的时候，它会变大 10，然后喊出自己现在的大小。

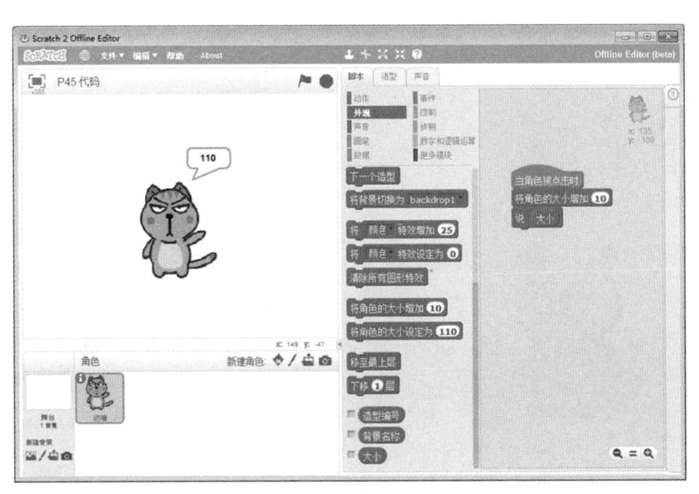

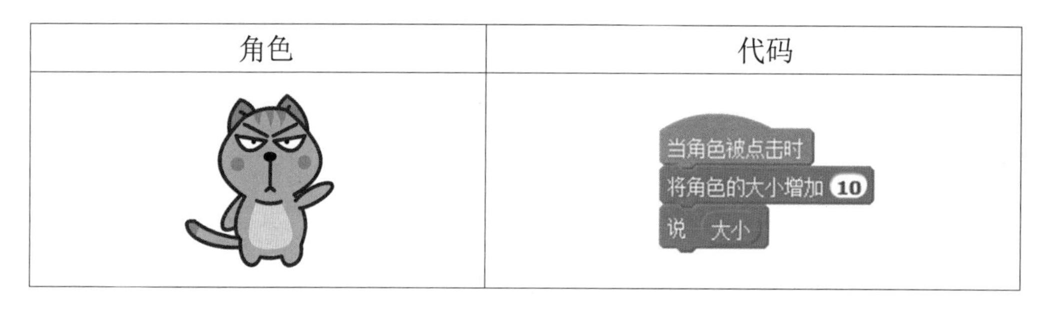

角色	代码
	当角色被点击时 将角色的大小增加 10 说 大小

6. 使用图形特效

Scratch 提供了三个命令模块来控制角色或者背景的图形特效，它们分别是："将……特效增加……" 将 颜色 特效增加 25 ；"将……特效设定为……" 将 颜色 特效设定为 0 ；"清除图形特效" 清除所有图形特效 。图形特效有以下 7 种，每种的效果大约如下：

颜色：改变角色或背景的颜色。

超广角镜头：角色或背景像鱼眼镜头拍摄一样发生畸变。

旋转：旋转扭曲角色或舞台的一部分。

像素化：以低分辨率的方式显示角色或舞台背景。

马赛克：创建一个由多个角色或背景构成的图像。

亮度：增加或减少图像的亮度。

虚像：改变角色或背景的透明度。

喵喵闹：不太直观啊。

钛大师：我也觉得说得太抽象，那这样看图好了。其实我感觉给喵喵闹加上超广角镜头的特效最符合你的气质。

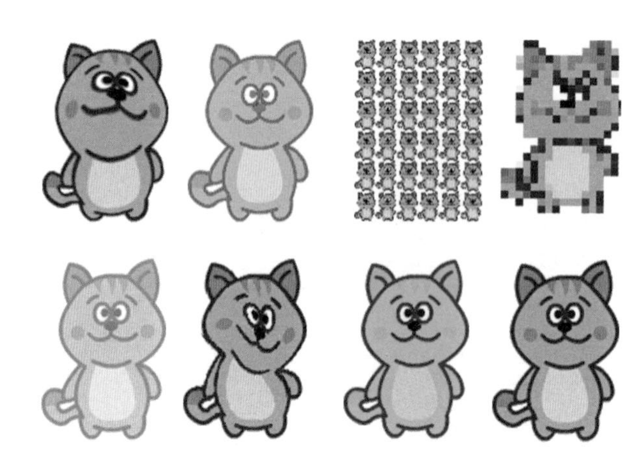

耗子淘：哈哈，好像整个人都肿了一样。

二、钛大师秘籍

秘籍 1：对于隐藏的角色，可以在角色列表里选择角色，点击鼠标右键，在弹出菜单中选择“显示”来让角色显示在舞台上。

秘籍 2：缩小角色的大小也是使用“将角色的大小增加……”命令模块，只是要把增加的数值设置成负数——在数值前面加个“-”就可以了。

三、动手练习

要求：

任务 1：通过点击各种兵器，喵喵闹可以切换自己佩戴不同兵器时的造型。

任务 2：按下数字键，喵喵闹可以做出对应的表情。

四、参考示例

角色	造型	代码
		无代码
舞台		无代码

<table>
<tr>
<td>表情</td>
<td>

</td>
<td>

当按下 2
将造型切换为 表情0002
当按下 3
将造型切换为 表情0003
当按下 4
将造型切换为 表情0004
当按下 5
将造型切换为 表情0005
当按下 6
将造型切换为 表情0006
当按下 7
将造型切换为 表情0007
当按下 8
将造型切换为 表情0008</td>
</tr>
</table>

锤		当角色被点击时 将背景切换为 背景0001
斧		当角色被点击时 将背景切换为 背景0005
剑		当角色被点击时 将背景切换为 背景0003
枪		当角色被点击时 将背景切换为 背景0002
刀		当角色被点击时 将背景切换为 背景0004

扫描二维码

查看演示步骤

DAY 3
第　三　天
英雄的启程

喵喵闹和耗子淘选好了自己的兵器，想即刻出发去寻找魔王，救出喵星的公主，可是，魔王到底在哪里？公主又去了哪儿？现在没有任何线索，就在喵喵闹心急的时候，钛大师出现了，它打算教授喵喵闹新的招式。

Part 1

会走迷宫的耗子

★ 理解角色在舞台上的坐标 ★

★ 理解角色的方向 ★

★ 学会使用移动命令、面向命令、移到命令 ★

★ 学会使用遇到边缘就反弹 ★

一、钛大师课堂

钛大师：为了拖延你们的时间，魔王留下了迷宫，但是你们不要害怕，只要走到终点就可以过关，要走到终点，首先你们要知道自己的“坐标”是什么。

喵喵闹：“坐标”是什么？你直接告诉我吧，我到底该怎么走？

钛大师：要走，必须要使用动作模块中的命令。动作模块的作用是控制角色在舞台上的位置，在 scratch 中它们都是蓝色的。在此类模块中，有些模块用来控制角色的朝向和移动，有些模块用来侦测角色的朝向和位置。

1. 舞台坐标

每一个演员在舞台上都有自己的位置，电脑对这个位置比较敏感，要求非常精确。对于笼统的“上下、左右”的描述，电脑是很难理解的。Scratch 的舞台用直角坐标系来表示，宽度为 480 个单位，高度为 360 个单位，横向为 X 轴，纵向为 Y 轴。舞台的中心坐标是（0，0），X 轴向右为正，向左为负；Y 轴向上为正，向下为负。

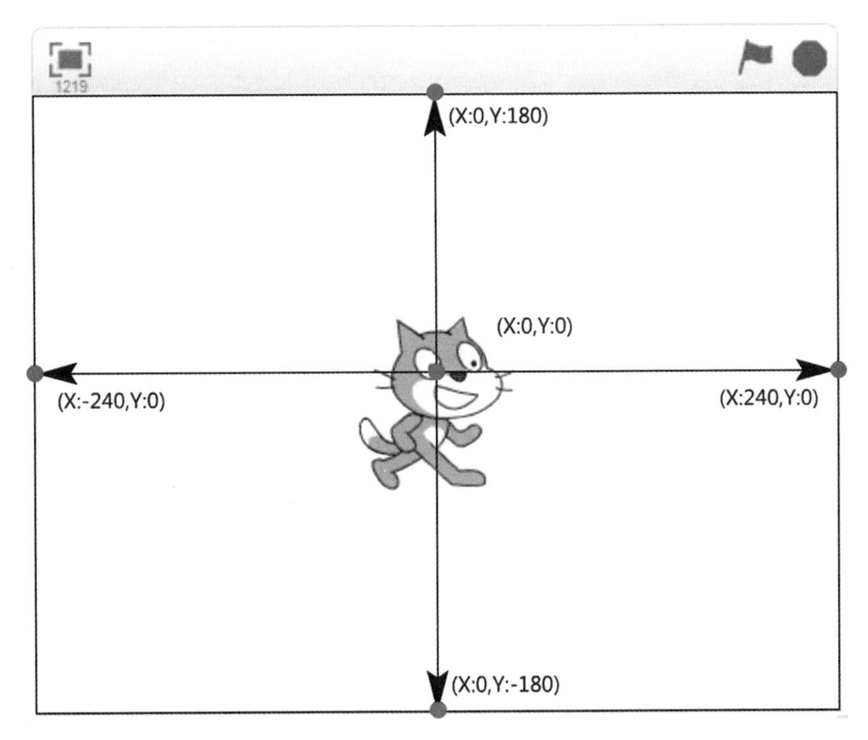

舞台的坐标演示图

喵喵闹：那我现在站的坐标是哪里呢？

钛大师：你选中一个角色，点击左上角的叹号打开角色的属性，就可以看到角色的坐标等属性。同时，在 Scratch 的右上角，角色缩略图的下面，所显示的“X,Y”数值也是当前角色的坐标。你现在知道你在哪里了吧？

喵喵闹：好像我的位置是（x:-34, y:12），耗子的位置是（x:150, y:0）。

钛大师：你可以通过“移到……”命令模块 移到 x: -34 y: 12 来改变自己的坐标，例如移到舞台的中心，或者舞台的哪个角落里。此外还有一个“移到……目标”的命令模块 移到 鼠标指针 ，可以移动角色到鼠标指针的位置或者其他角色的位置。如果觉得瞬移太唐突，还可以使用“在……秒内滑行到……坐标”命令模块 在 1 秒内滑行到 x: -34 y: 12 来平滑地移动过去。

喵喵闹：挺好玩的，魔王的坐标多少？我直接“移到”魔王那里就行了。

钛大师：魔王没有在舞台上，这里没有它的坐标。所以，你用“移到”命令是找不到它的。

喵喵闹：等等，没有魔王的坐标，我怎么去找它呢？

钛大师：既然没有在舞台上，你想走过去用“移到”命令不可行，需要另外一种命令模块：“移动……” 移动 10 步 。这个不需要知道角色的坐标。它的功能是让角色往前或者往后移动多少步，每步表示一个舞台上的长度单位。

喵喵闹：往前走谁还不会！

钛大师：往前走谁都会，可是你知道哪是前面哪是后面吗？

2. 角色朝向

Scratch 里，角色的方向用角度表示。正上方为 0 度，顺时针方向正右方是 90 度，180 度是正下方，逆时针方向正左方是 -90 度，-180 度也是指正下方。默认角色的 90 度方向，也就是正右方为角色的朝向。

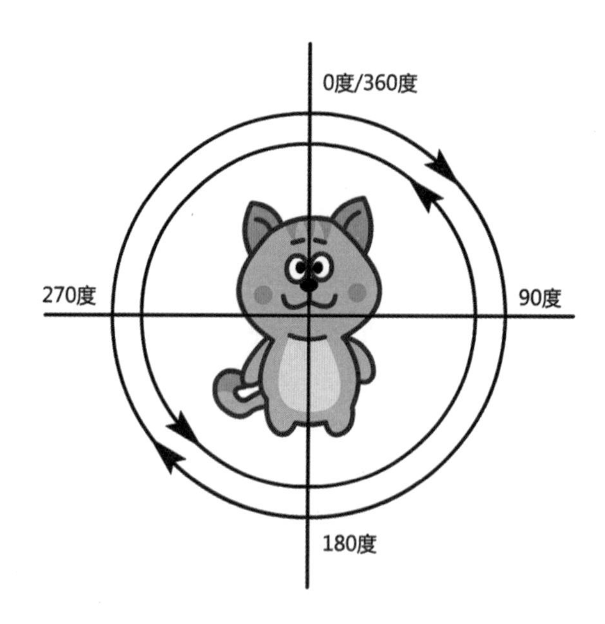

喵喵闹的旋转度数

Scratch 里调整角色角度的命令模块也有两个，正如两种“移到”命令模块一样：一个是“面向……” 面向 ，调整角色面向特定角度；一个是“面向……方向” 面向 90 方向 ，调整角色面向鼠标指针或者是其他角色。咱们让喵喵闹面向耗子淘，看看是个什么效果。

喵喵闹：这叫“面向”吗？这是“头向”好不好！我整个人都倒了！

钛大师：我帮你转过来，这需要运用新的知识点。

3. 旋转中心和旋转模式

旋转中心在前面的绘图编辑器里介绍过，任何角色旋转都要有一个中心，默认这个中心当然是在角色的视觉中心上，可是有很多时候你需要修改这个中心的位置来适应自己的需要。例如在这个场景中，如果你需要耗子淘的眼睛会转动，就要通过调整它眼珠的旋转中心来实现。

喵喵闹：如果我不希望角色会旋转怎么办？

钛大师：这个问题问得很好，我们需要角色会旋转，可是很多时候角色是不需要有旋转状态的，它可能只有左右两个角度，或者根本没有角度变化。这个时候我们可以在角色的属性面板里选择角色的旋转模式。

在角色属性面板中，写着“旋转模式”的右侧有三个用来设置角色旋转方式的小按钮。这三个小按钮只能选中其中一个，这三个按钮分别代表三种不同的旋转模式。

↻ 允许旋转：允许 360 度旋转角色。

⟷ 只允许左、右翻转：只允许角色向着左和右两种方向。

● 不允许旋转：角色只能面向一个方向。

喵喵闹：这个功能非常好，这样就不用趴着了。

4. 碰到边缘就反弹 碰到边缘就反弹

当角色在舞台内移动时，很可能会接触到舞台的边缘，使用“碰到边缘就反弹”模块可以命令角色碰到舞台边缘后改变自己的方向。

喵喵闹：一直前行不回头，哐！被撞了回来没办法……

二、钛大师秘籍

秘籍 1：在舞台下方，将会实时显示鼠标指针当前的坐标，可以以此来测定位置。

秘籍 2：在各种关于坐标的命令模块上，默认填写的都是角色当前的坐标。

秘籍 3：在角色属性面板中，可以通过转动有蓝色线段的圆圈来调整角色的方向。

三、动手练习

要求：

制作耗子淘走路。

任务 1：耗子淘可以使用方向键来控制自己的移动方向。

任务 2：耗子淘遇到边缘就改变方向，实现反弹效果。

四、参考示例

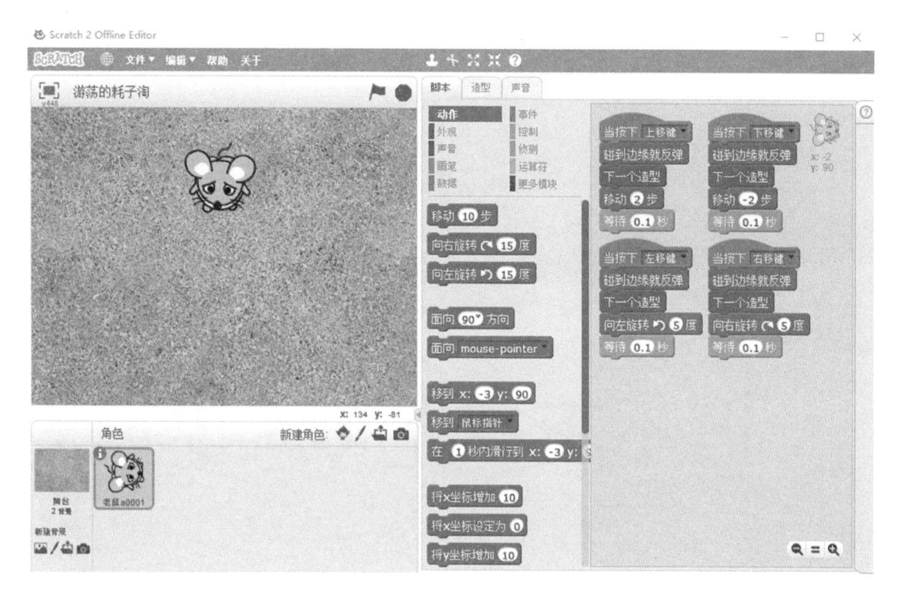

游荡的耗子淘代码图

扫描二维码

查看演示步骤

Part 2

停不下来的喵喵闹

★ 了解循环 ★

★ 了解无限循环和有限循环 ★

★ 了解暂停和停止 ★

一、钛大师课堂

喵喵闹和耗子淘搞清楚了自己的位置和方向，他们有了更强的信心去战胜魔王，他们又重新上路了。

钛大师：你们走着走着为什么停下来了？

喵喵闹：还是魔王的迷宫，这次需要把一样的路程走 10 遍才能出去……

钛大师：是时候让你们了解循环了。

计算机可以代替我们反复地做相同的事情，它们非常擅长去完成重复的任务。在次数比较少的情况下，可以进行简单的模块堆积，例如让你走几圈，或者让你切换两次造型。但如果需要走 100 圈，或者一直切换造型，你会需要程序重复执行这些功能，我们一般称之为“循环”。

喵喵闹：反复去做，电脑也不怕无聊。

钛大师：其实你所见到的每个程序都在不断地循环运行，它需要知道你在干什么，出了什么状况，以便做出不同的应对。在 Scratch 中，循环就是指将

一系列命令模块的集合嵌入到控制模块中反复执行的过程。一般我们使用这两个命令模块来实现循环。

1. **重复执行** 重复执行

“重复执行”命令模块一般用来建立无限循环，就是说除非用户终止，否则循环会一直执行下去。就像这样，喵喵闹会一直撞墙撞下去。

喵喵闹：我要是受伤了，还怎么救公主。

钛大师：当然不会让你受伤。

有无限循环就有有限循环，一般有限循环就是给重复执行限定次数。通常，在作品中，有次数限制可以让我们更准确地把握程序的运行状况。例如这个要求走 100 次的迷宫就可以使用“重复执行……次”这个命令模块来完成。

循环执行非常好用，它有重复执行任务的功能。但要注意，在使用循环的时候一定要非常小心，因为你可能遇到死循环。死循环和无限循环有所不同，死循环是因为程序的逻辑错误导致的循环无法结束。

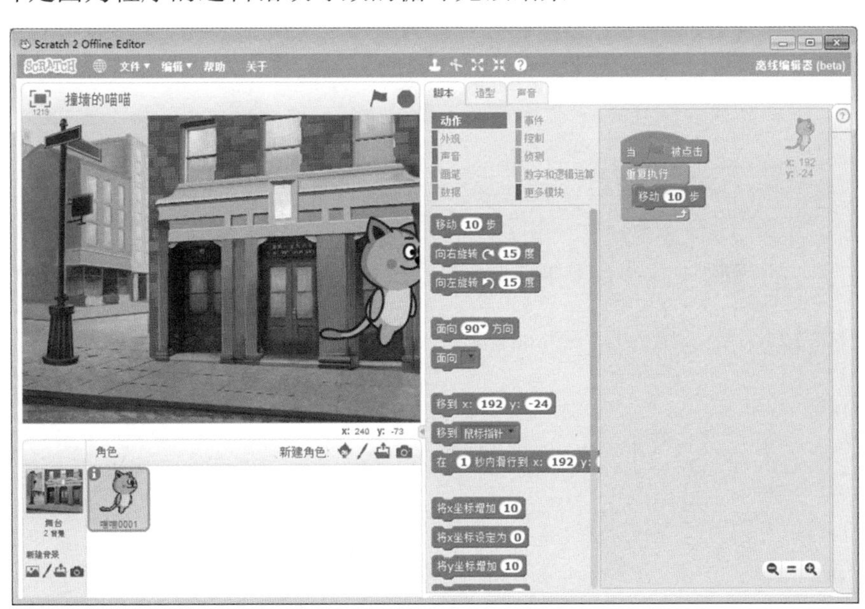

喵喵闹：你的意思是我得这么撞下去无法结束？！

3. **等待……** 等待 1 秒 在 之前一直等待

脚本一旦执行将不会停止，直至执行结束。但是，有时我们需要暂停脚本一段时间，“等待……秒”命令模块就是用于此种情况。该命令模块能够短暂地暂停程序的执行，例如在角色对话中，角色说话后会暂停游戏一两秒钟，以便让用户看清楚角色说的内容，然后再继续进行游戏。有的时候无法判断时间，需要程序自己判断是不是需要等待，那么就使用“在……之前一直等待”命令模块。

喵喵闹：等会儿再撞！那就是还没结束？

4. 停止…… 停止 全部 停止 角色的其他脚本

天下没有不散的宴席，电脑里也没有永远不停止的程序。停止运行咱们的程序除了使用红灯按钮之外，还可以使用“停止……”命令模块。它有着比红灯更细致的用法：

停止全部：和红灯按钮功能一样，终止程序的运行。

停止当前脚本：停止运行当前角色的所有脚本。

停止运行角色其他的脚本：停止运行当前角色的所有脚本，继续运行这个命令模块下面的脚本。

喵喵闹：终于停下了，我要回家！

二、钛大师秘籍

程序中的代码块越少，程序就越容易理解和维护。循环功能提供了重复执行程序代码的功能，使程序尽可能简洁。

三、动手练习

要求：

任务 1：喵喵闹的位置一直随着鼠标变化。

任务 2：耗子淘的眼睛一直注视着喵喵闹。

任务 3：喵喵闹一直在大喊自己的横坐标。

四、参考示例

看喵喵闹的耗子洵

角色	代码
	当 被点击 重复执行 移到 鼠标指针 说 x座标 x: 176 y: 67
	当 被点击 重复执行 面向 鼠标指针 x: 39 y: 21

扫描二维码

查看演示步骤

Part 3

紧急制动夺命轮

★ 了解判断和条件 ★

★ 学会使用条件循环 ★

★ 学会使用碰撞检测 ★

一、钛大师课堂

喵喵闹：为什么我刚走出迷宫，就开始转圈？

钛大师：迷宫的后面是个陷阱，你又被魔王抓起来了，现在你被钉在了一个大转盘上。

喵喵闹：我是英雄，我还要去救公主，快放我下来！

钛大师：放你下来可以，魔王现在提出了一个条件，如果耗子淘能使用它的武器砍中转盘，它就会停下来。

喵喵闹：砍？如果砍不中转盘怎么办？

钛大师：很多时候我们希望程序根据情况来做一些决定，这个处理我们叫作“判断”。判断很好理解，就是如果怎么样，就会怎么样。例如现在，如果耗子淘砍中转盘，喵喵闹会很开心，如果耗子淘砍到了喵喵闹身上，那么……

喵喵闹：这可不是闹着玩的。

1. “如果……那么……”

如果条件为真，就执行嵌入的命令模块。最常见的条件命令是，如果发生了什么事，然后去做什么；如果这个事情没有发生，那么嵌入的命令就不会执行。

耗子淘：明白！如果我去砍，那么喵喵闹就喊“啊！”

2. **“如果……那么……否则……”** 

如果条件为真就执行上半部分嵌入的命令，如果条件为假就执行下半部分嵌入的命令。执行程序并根据结果做出判断，这个叫作“分支”。无论事情发生没有，总有事情去做，只是要做的事情不一样。

耗子淘：这个更好懂！如果喵喵闹被砍到，那么喵喵闹就喊“哎哟”，否则喵喵闹就喊“呜呜”。

3. **“重复执行……直到……”** 

和“等待……直到……” 在 之前一直等待

“重复执行……直到……”这个命令模块属于循环和判断的综合体，也可以叫条件循环。反复执行嵌入的命令，只要条件不为真就执行，如果事情不发生，这个反复判断的过程就不会停止。“等待……直到……”命令和它正好相反，我什么都不干，一直等待，直到条件为真时才执行后面的脚本。

耗子淘：这个明白！我重复执行砍喵喵闹，直到砍到它！喵喵闹呢，它一直等待，直到我砍到它。

喵喵闹：我怎么听着我死定了？

4. **碰撞检测**

前面说的都很热闹，可是怎么判断耗子淘砍没砍到喵喵闹呢？砍到命令Scratch里是没有的，但是它有碰到命令模块。

Scratch 里关于碰到的命令模块有三种：

“碰到……” 碰到 ▼ ? ：检测当前角色是否碰到了指定的角色、鼠标指针或边缘，若碰到则为真，否则为假。

“碰到颜色……” 碰到颜色 ■ ? ：检测当前角色是否碰到了舞台中的指定颜色。

“……颜色碰到……颜色” 颜色 ■ 碰到 ■ ? ：检测当前角色的某种

颜色区域是否碰触到舞台中的某种颜色。

喵喵闹：还判断颜色？这里我觉得不用那么复杂了，就看刀碰到没碰到我就行。

耗子淘：对，还是不要判断颜色了，我晕血。

喵喵闹：……

二、钛大师秘籍

上面提到的几种模块都可以实现我们需要的效果，都试一下，看看用哪种方法最精简。

三、动手练习

要求：

任务 1：利用“重复执行”和“向左旋转……度”命令模块，使喵喵闹在转盘上不停旋转。

任务 2：在按下空格键的时候，耗子淘可以冲向转盘。

任务 3：耗子淘砍到转盘或喵喵闹的时候，喵喵闹停止旋转，并切换不同造型。

四、参考示例

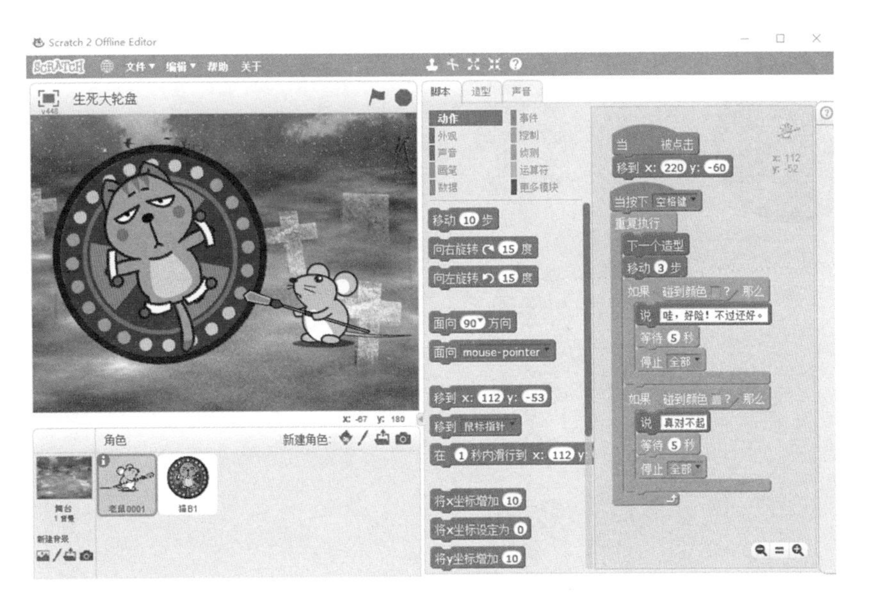

生死大轮盘

角色	造型	代码
		当 被点击 移到 x: 220 y: -60 当按下 空格键 重复执行 下一个造型 移动 3 步 如果 碰到颜色 ? 那么 说 哇，好险！不过还好。 等待 5 秒 停止 全部 如果 碰到颜色 ? 那么 说 真对不起 等待 5 秒 停止 全部

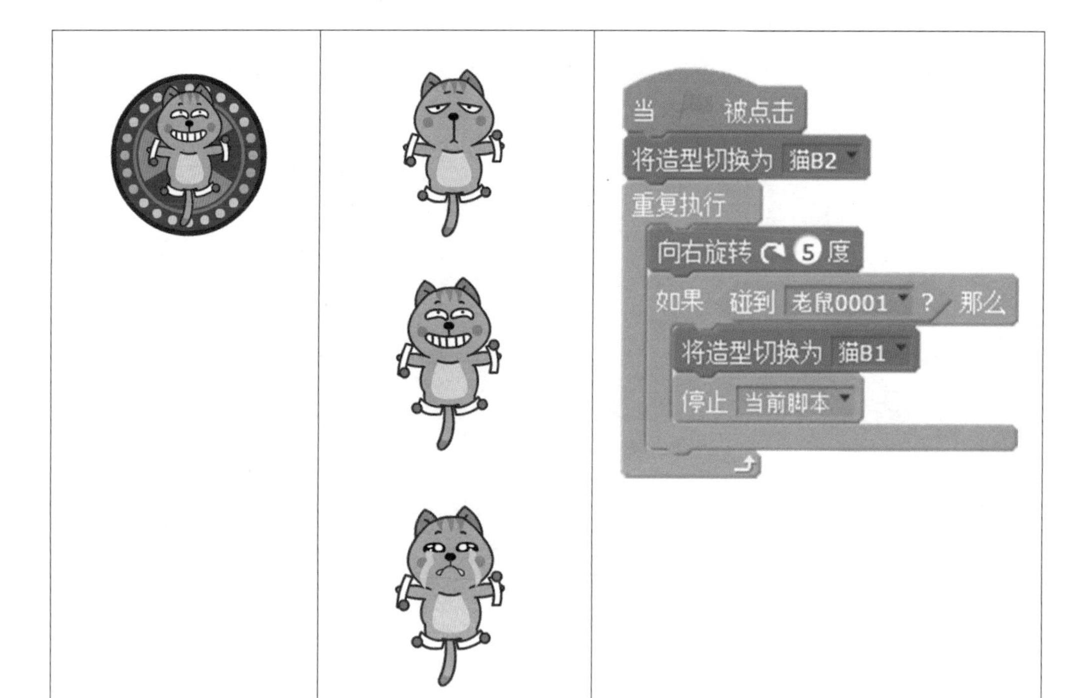

扫描二维码

查看演示步骤

Part 4

重新组装钛大师

★ 利用广播发送消息 ★
★ 在接受特定消息后执行 ★
★ 接收到消息后启动 ★

一、钛大师课堂

经过耗子淘的不懈努力，喵喵闹得救了。但是，魔王非常狡诈，在轮盘后面还藏着炸弹机关！喵喵闹离开后，没多久就听见“轰”的一声，轮盘炸掉了，为了保护喵喵闹，钛大师受伤了。

钛大师：喵喵闹，看来现在你要提前学会安装我了。

喵喵闹：钛大师你全身的零件都散了，怎么开始重新安装？

钛大师：你们首先需要懂得广播消息才可以进行安装，否则先后顺序是协调不好的。

Scratch 程序可以包含多个角色，而这些角色又可能包含多个脚本，要协调这些脚本的执行就需要使用广播消息模块。例如，现在每个钛大师的零件都是一个角色，这样就需要广播消息来进行各个部位的协调。Scratch 提供了三个发送和接受广播消息的控制模块来协调角色脚本的执行。

1. “广播……” 广播 message1 和 “广播……并等待” 广播 message1 并等待

这两个命令模块的作用是向程序内的所有脚本发送广播消息。例如，钛大师的双腿装好了以后，它要向其他部位喊一下，我装好了，你们来吧！点击模块后面的三角符号，弹出下拉列表来选择要发送的信息。如果列表里没有你需要发送的消息，就点击最后一项“新消息…”来创建一个。

喵喵闹：可是这两个命令模块有什么不同呢？

钛大师：喵喵闹学会比较不同了，这很棒。

“广播……”命令模块可以发送广播消息，同时将继续执行该模块之后的脚本。就是说它喊完以后，我什么都不管，我继续干我的活。至于你听见没听见，按没按我说的做，这个模块不去考虑。

“广播……并等待”命令模块发送广播消息后，会等待所有接受该广播消息的脚本全部执行完成后才会继续向下执行。就是说它喊完就等着，得确定你听到了，把该做的都做完了，它才继续干它的活。

2. “当接收到……消息” 当接收到 message1

接收广播消息的启动模块，可以使脚本在接收到特定消息后开始执行。这只是个触发执行命令的条件，一般听到什么消息干什么活，当然，你也可以听到什么命令不干什么活。虽然这样属于故意找碴儿……

喵喵闹：这么看广播的消息也可以毫无章法，只要我自己明白就行了！

钛大师：就是个口令而已！你喊 1、2、3 可以，one、two、three 也可以，重点是让 Scratch 的脚本知道你喊了，并且知道你喊的什么。

二、钛大师秘籍

“当接收到……消息”命令模块 当接收到 message1 可以多次调用，但要记得不要听到一个消息，做出相反的动作就好。

三、动手练习

要求：

任务 1：钛大师的零件从天上落下，落到地上或者别的零件上面会停止。

任务 2：零件落下的时候，可以通过键盘的左右方向键来控制落点。

任务 3：一个零件安装好以后才会落下下一个零件。

任务 4：完成安装以后，钛大师会做出相应的动作，来表示你是否安装成功。

四、参考示例

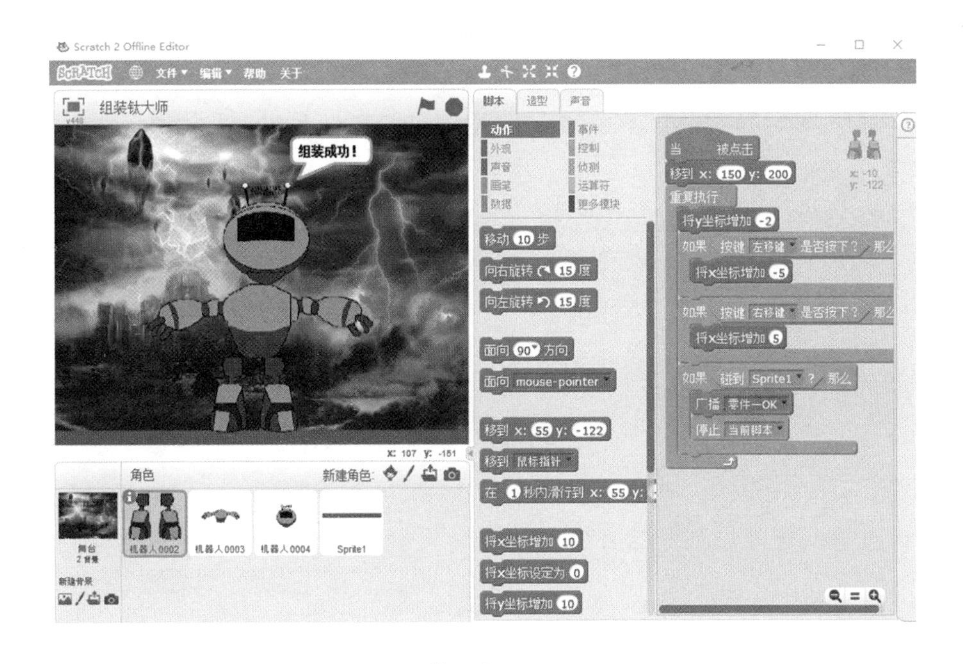

组装钛大师

角色	代码
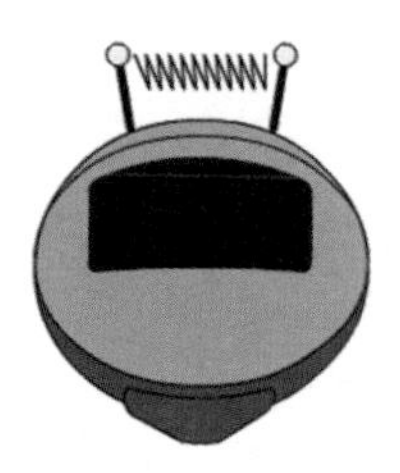	当 被点击 移到 x: 150 y: 200 隐藏 当接收到 零件二OK 显示 重复执行 将y坐标增加 -2 如果 按键 左移键 是否按下? 那么 将x坐标增加 -5 如果 按键 右移键 是否按下? 那么 将x坐标增加 5 如果 碰到 Sprite1 ? 那么 广播 安装失败 停止 当前脚本 如果 碰到 机器人0002 ? 那么 广播 安装失败 停止 当前脚本 如果 碰到 机器人0003 ? 那么 广播 message1 停止 当前脚本 当接收到 message1 说 组装成功！ 当接收到 安装失败 说 完蛋了，安装失败！

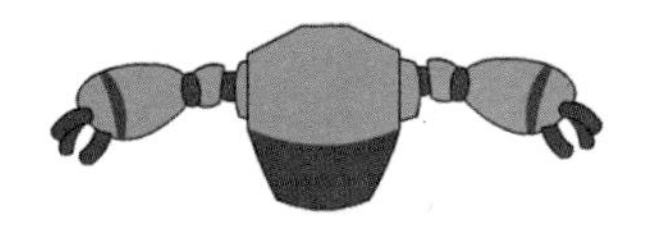

```
当 被点击
移到 x: -122 y: 200
隐藏

当接收到 零件一OK
显示
重复执行
    将y坐标增加 -2
    如果 按键 左移键 是否按下？ 那么
        将x坐标增加 -5
    如果 按键 右移键 是否按下？ 那么
        将x坐标增加 5
    如果 碰到 Sprite1 ？ 那么
        广播 安装失败
        说 安装失败！ 2 秒
        停止 当前脚本
    如果 碰到 机器人0002 ？ 那么
        广播 零件二OK
        停止 当前脚本
```

	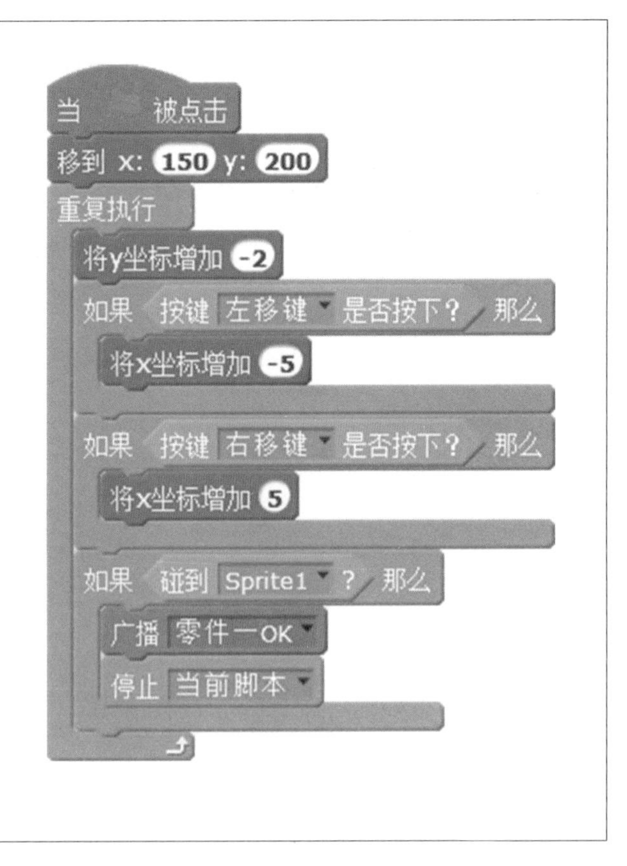

扫描二维码

查看演示步骤

DAY 4
第 四 天
通天河水怪

组装好了钛大师，小伙伴们又踏上征程。这次他们勇往直前，认为没有什么可以阻挡他们了，直到出现了一条又宽又急的大河。猫和老鼠是不怕水的，可是他们比较担心钛大师，这一身铁皮疙瘩，下水了还得了？他们正在探讨怎么办的时候，水里浮现出一只大个的水怪。

Part 1

请你猜猜我在哪

★ 随机数的应用 ★

★ 在程序中实现概率的调整 ★

一、钛大师课堂

钛大师：大水怪嘲笑完我们就回去睡觉了，然而河里出现了好多小鱼来骚扰我们，消灭各种鱼是喵星人的强项！喵喵闹，上！

喵喵闹：怎么又是锤子！可是我不知道鱼会从哪里出来啊！

钛大师：哦？哪里都可能出来吗？这里的妖怪很有文化啊！这是用到了随机数的功能！

1. 随机数

游戏最有意思的地方在于你永远不知道下一刻会发生什么，不可预测是一切游戏的魅力所在。这种不可预测，我们叫作“随机”。那么随机到底什么意思呢？不知道你玩过扔硬币没有，如果把一个硬币抛向空中，当它落地的时候，可能正面朝上，也可能背面朝上。

Scratch 的随机数功能在“数字和逻辑运算”标签下，有一个“在……和……之间随机选一个数”命令模块，这个模块可以生成指定范围内的一个随机整数。该模块所产生随机数的默认的范围是 1 到 10，但是可以修改取值范围以满足程

序的要求，如果你有需要也可以产生负数。

咱们可以用这个命令模块制作一个抛硬币的游戏。

①新建一个硬币的角色，角色有“正面”和“反面”两个造型。

②取一个范围 1 到 2 的随机数。

③如果随机数为 1，角色切换至“正面”造型；否则，切换至“反面”造型。

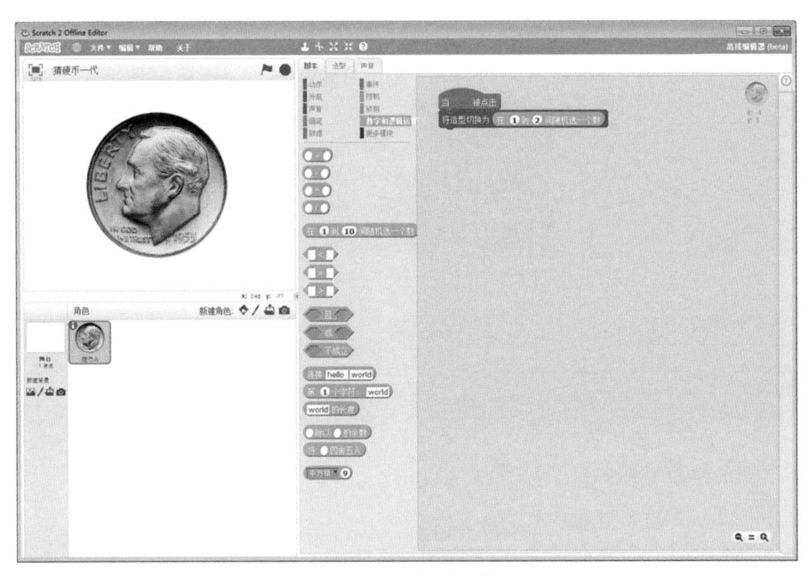

喵喵闹：抛硬币的游戏这么简单就完成了！

钛大师：方法虽然简单，但是可以做出很多简单的小游戏，不仅可以猜硬币，平常玩的骰子也是可以的。想想看，这种方法还可以做出什么小游戏？

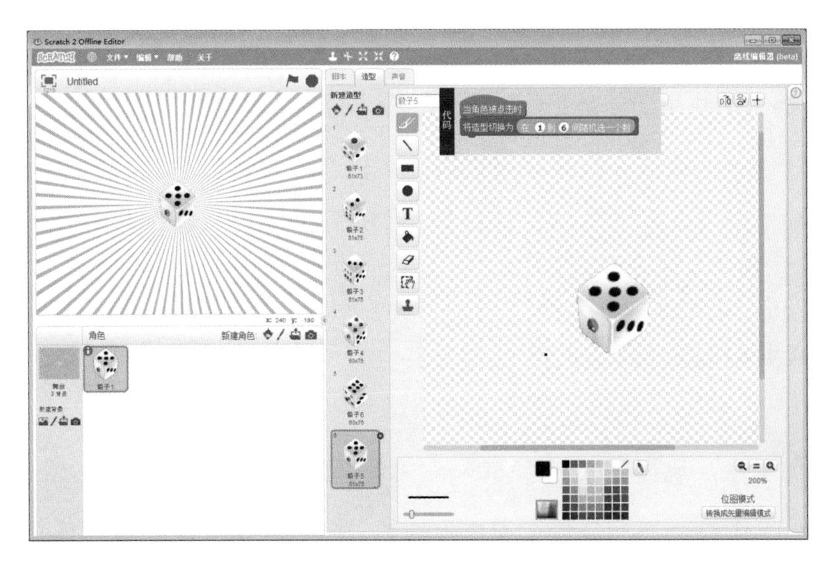

如果觉得太简单，可以换种写法来实现掷硬币的游戏，如下图所示，大家也可以考虑一下怎样用这种写法来完成掷骰子的游戏。

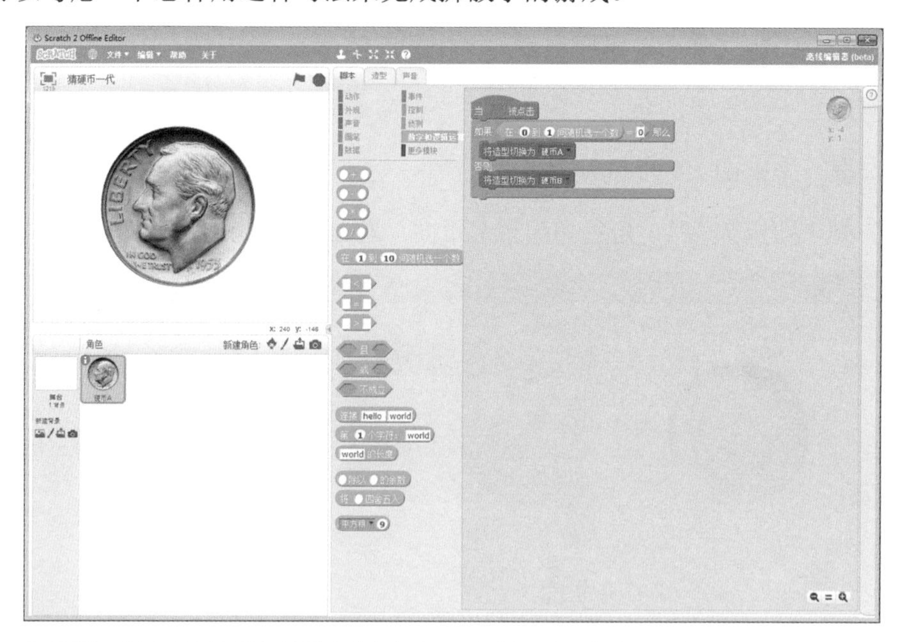

喵喵闹：这写法比刚才那个烦琐啊，有什么深意在里头吗？

钛大师：换个麻烦的写法当然是有原因的，这就牵扯到概率的概念。

2. 概率

如果你玩抛硬币的次数很多，可能发现正面朝上的次数和背面朝上的次数基本相同。不过这一点谁也无法保证，也可能你抛 4 次硬币会得到 2 次正面和 2 次背面，但也可能得到 3 次正面或者 1 次背面，或者 1 次正面 3 次背面，或者连续 4 次正面（4 次背面）。如果抛 100 次，可能得到 50 次正面，但是也可能得到 20、30 甚至 100 次全都是正面。虽然这个可能性很小，但确实有可能发生。

每次时间都是随机的，尽管大量抛硬币可能会存在某种规律，但是每一次抛硬币正面朝上或者背面朝上的可能性都是一样的。换种说法，也就是说硬币没有记忆。所以即使你刚刚连续抛出了 99 次正面，你可能认为不太可能连续得到第 100 个正面，但下一次抛出正面仍有 50% 的可能性。这里的 50% 就是一个概率。

在现实世界中，玩抛硬币这个 50% 的概率是无法改变的，但是在 Scratch 的世界中，小小作弊一把不是什么问题。例如，咱们现在可以把得到正面的几率变大一点。

来制作一个有 75% 的概率得到正面的抛硬币游戏：

①新建一个硬币的角色，角色有“正面”和“反面”两个造型。

②取一个范围 0 到 4 的随机数。

③如果随机数为 1，角色切换至“反面”造型；否则，切换至“正面”造型。

喵喵闹：这么简单的游戏你也作弊！

钛大师：那好，根据这个思路，你来想一想怎么调整骰子的概率？

二、钛大师秘籍

使用多个随机数可以实现更精准的概率，如何设置出现硬币正面的概率为 32%。

三、动手练习

要求：

使用提供的素材，模仿打地鼠游戏制作一款简单的喵喵闹打小鱼怪游戏。

任务 1：喵喵闹跟随鼠标移动。

任务 2：点击鼠标时喵喵闹会在两个造型间切换。

任务 3：机械鱼在屏幕上几个位置中的随机位置出现。

任务 4：机械鱼出现时点到它会切换造型并消失。

四、参考示例

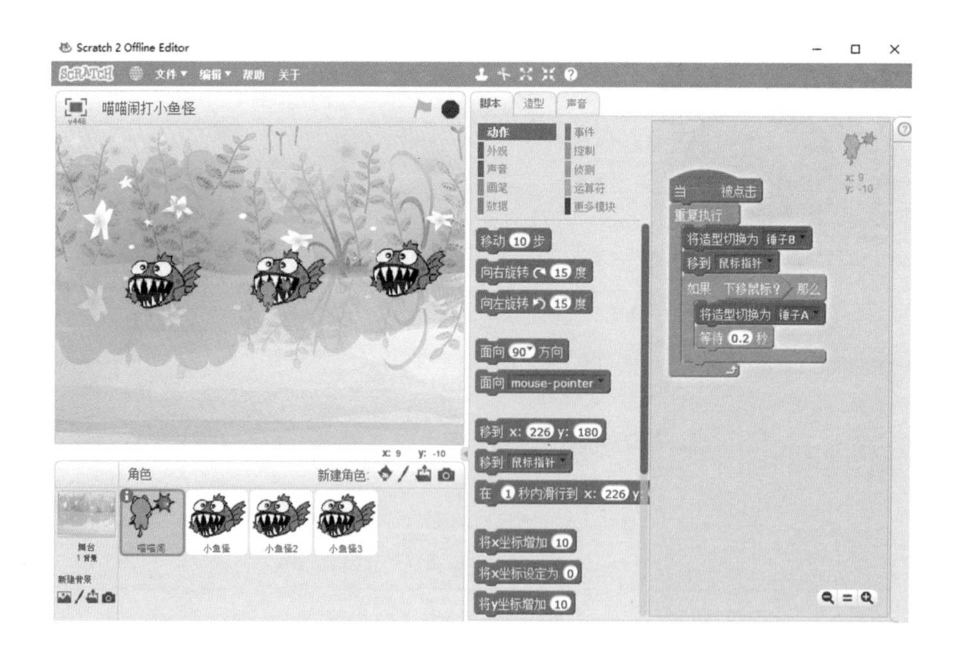

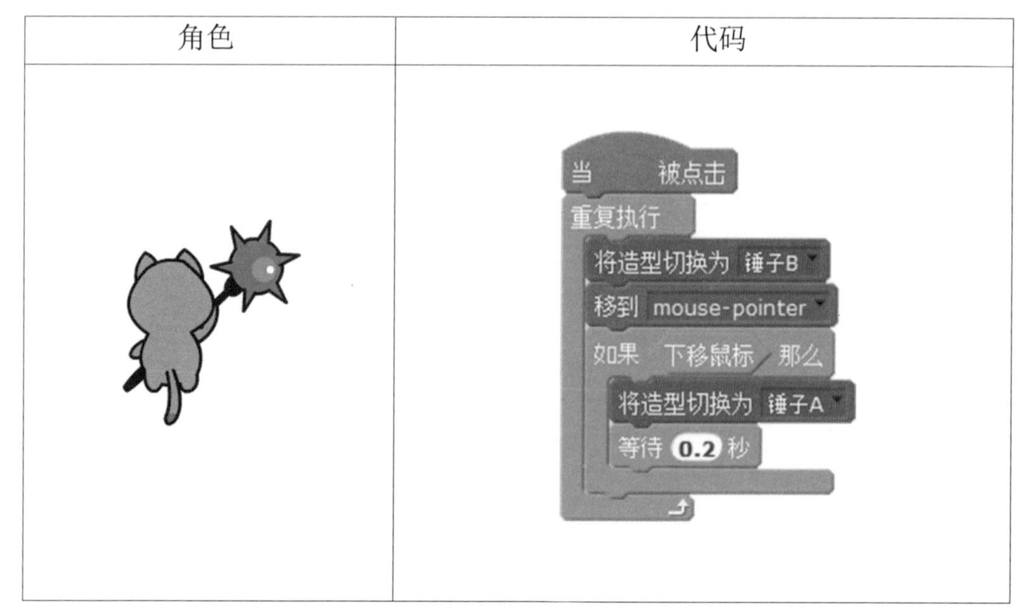

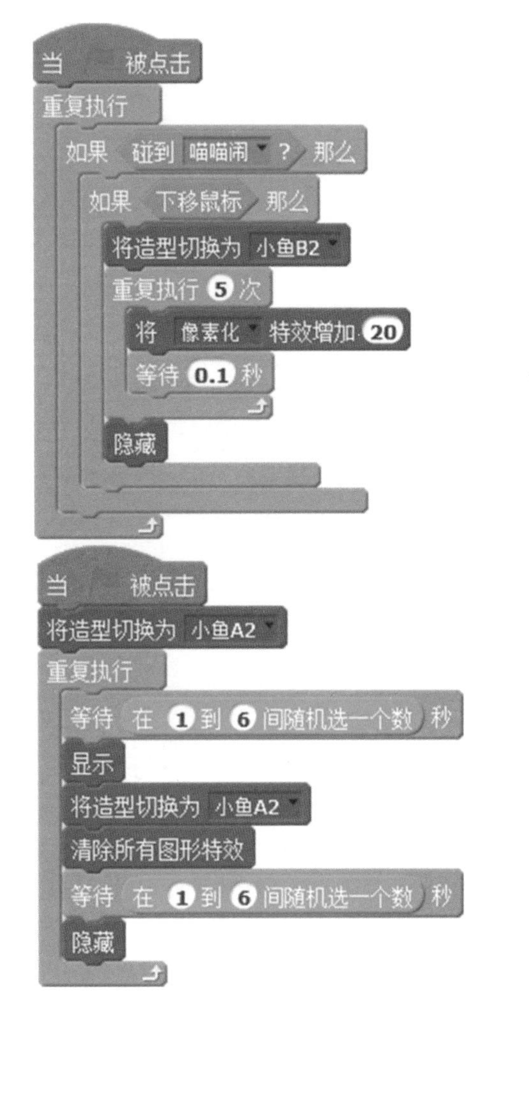

扫描二维码

查看演示步骤

Part 2

会代数的机械鱼

★ 认识变量 ★

一、钛大师课堂

话说喵喵闹拿着锤子去和机械鱼讲道理，大家觉得这么干实在太暴力了。于是答应坐下来玩玩抛硬币的游戏，然后根据胜负考虑放不放我们过去。

钛大师：咦，你怎么愁眉苦脸的？你不是和机械鱼去玩抛硬币的游戏了吗？用我教你的方法没道理不赢啊！

喵喵闹：它们不玩抛硬币了，它们在拉着我问这问那。还有好多数学问题，我回答不了哇！

钛大师：各种数学问题是电脑的长项啊！哦，但这个需要懂得变量的知识。

喵喵闹：什么是变量呢？

钛大师：对于所有的计算机程序来说都需要使用各种各样的数据，即便是最简单的程序也不例外。有些数据可能是在程序运行的过程中产生，而有些则是搜集自用户的输入或者是由程序随机产生的。为了操作这些数据，计算机必须拥有存储、读取和修改这些数据的功能。在 Scratch 程序中通过使用变量来操作这些数据。

喵喵闹：变量就是计算机程序里的数据？

钛大师：这句话没错，但变量不能简单地这么理解，变量是计算机程序里的数据，但计算机程序里的数据不是只有变量。变量让你能够把程序中准备使用的每一段数据都赋予一个简短、易于记忆的名字。你知道用字母表示数据吗？在平常，你既然可以使用一个字母来代表一个数值，在编程的时候，你也可以用一个名字来代表一段数据，那么这段数据就是一个变量。

例如，你在舞台上说话，要说的就是准备好的内容。但有些时候这个说话内容并不确定，我就可以告诉你，你要念纸条上的文字。在你演出的过程当中，我随便写好纸条上的内容，你去念就是了。那么纸条，就是一个变量。

喵闹闹：如果纸条很多怎么办？

钛大师：这就需要给每个纸条起好名字，例如“纸条 A”“纸条 B”，这样只要告诉你要念哪个纸条就可以了。另外这些纸条不仅仅是拿来读的，在你需要的时候，也可以写内容上去。

喵闹闹：我终于有点明白了，变量就是纸条，这里存着程序运行时的一些数据，我需要这些数据的时候去这些纸条上寻找就可以了。我不用管这些数据在哪里、怎么出现的，我只要记住纸条的名字就不会找错。

钛大师：纸条就是变量，纸条的名字就是变量名，纸条的内容就是变量的数据。我们必须给变量取一个合适的名字，就好像每个人都有自己的名字一样，否则就难以区分了。变量名是自己来起的，只要方便好用怎么都行。但只能包括字母、数字、特殊字符、空格、汉字这些内容。

喵闹闹：还“只能包括”，你告诉我除了这些还有哪些？这就不少了。

1. 新建变量

说这么多，到底该怎么创建变量呢？选择“数据”标签，会发现有一个“新建变量”按钮 新建变量 ，点下它，就会弹出新建变量对话框。这个对话框中，“变量名称”很好理解，可是“适用于所有角色”和“仅适用于当前角色”是什么意思？

这是变量的作用域，是使用变量时必须掌握的一个概念，变量的作用域决定了变量可以被访问的范围。Scratch 支持两种变量作用域：

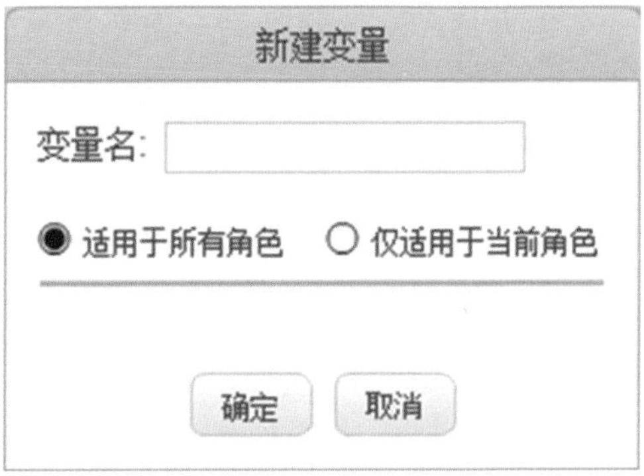

①适用于当前角色：这个通常叫作局部变量，局部变量在哪个角色里被定义，就只在定义了该变量的角色中有效，并且只能被该角色中的脚本操作。

②适用于所有角色：这个通常叫作全局变量，无论在哪个角色里定义，都可以被作品内所有角色的脚本读取操作。

新建变量

变量名：

适用于所有角色　仅适用于当前角色

确定　取消

喵喵闹：这个我能理解，就像纸条一样，有的是单独写给我的，有的是写给所有演员的对吧。

钛大师：聪明的喵喵闹。

2. 使用变量

当程序中有了一个变量之后，在“数据”标签下会多出5个命令模块出来。这些命令模块都是用来操作变量的。

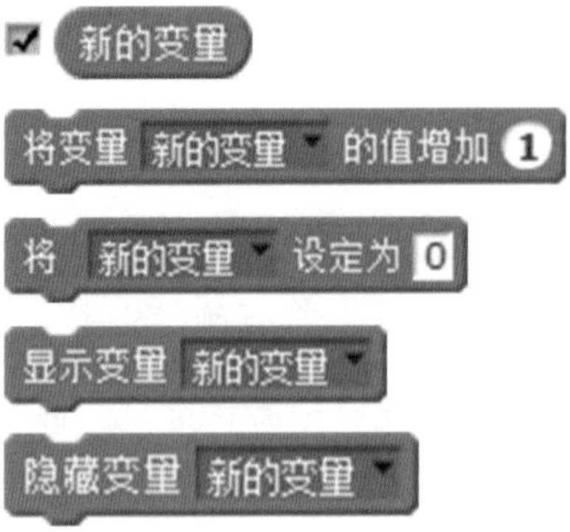

新的变量

将变量 新的变量 的值增加 1

将 新的变量 设定为 0

显示变量 新的变量

隐藏变量 新的变量

①以变量名为名字的命令模块：这就是你理解的纸条，需要用到变量的地方把这个拖过去就好了。

②“将变量……的值增加……”“将变量……设定为”：为变量赋值，或者改变变量的数据。需要注意的是，“将变量……的值增加……”对数值类型的变量有效，对文本类型的变量会出错。

③“显示变量”“隐藏变量”：控制变量在舞台上的显示，作用和以变量名为名字的命令模块前面的对号等效。

喵喵闹：我来试试，新建一个变量“纸条”，然后把纸条设定为“你好。”

再将变量纸条的值增加 1。让耗子淘说纸条。呃，耗子淘在说“NaN”，这是什么意思？

钛大师：NaN 的意思是数据未知，都告诉你会出错了，你还这么干！

访问其他角色的变量

尽管存储于局部变量中的数据只能被该角色的脚本修改，但 Scratch 允许其他角色读取该变量中存储的数据。要读取其他角色的局部变量，需要使用侦测标签下的“…的…”命令模块 x座标 of 老鼠。该模块允许角色访问其他角色的 X 坐标、Y 坐标、朝向、造型编号、大小和音量，还可以访问其他角色的局部变量。要访问其他角色的局部变量首先单击该模块左侧的下拉列表，在该下拉列表中将列出作品中的舞台和所有角色，然后再单击模块右侧的下拉列表，这里有角色的各种属性，当然，还有咱们需要的变量。

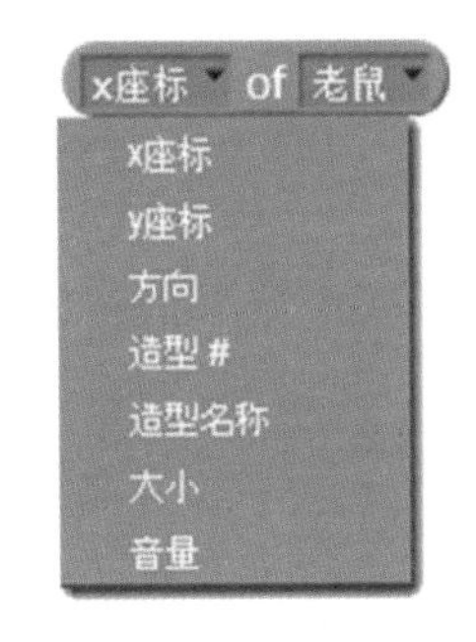

3. 删除变量

在制作 Scratch 作品时，你可能会对程序进行很多修改。某些变量可能就不再被需要了，遇到这种情况，可以删除那些不再被使用的变量。删除变量非常简单，首先要确定已经删除使用该变量的所有模块，然后在以变量名为名称的模块上点击鼠标右键，在随后出现的弹出菜单中选择删除。

例如，咱们现在制作一个会报数的骰子：

①新建一个骰子的角色，角色有“1、2、3、4、5、6”6 个造型。

②新建一个变量“纸条”，赋值为取一个范围 1 到 6 的随机数。

③骰子切换造型到“纸条”，并说出“纸条”上的内容。

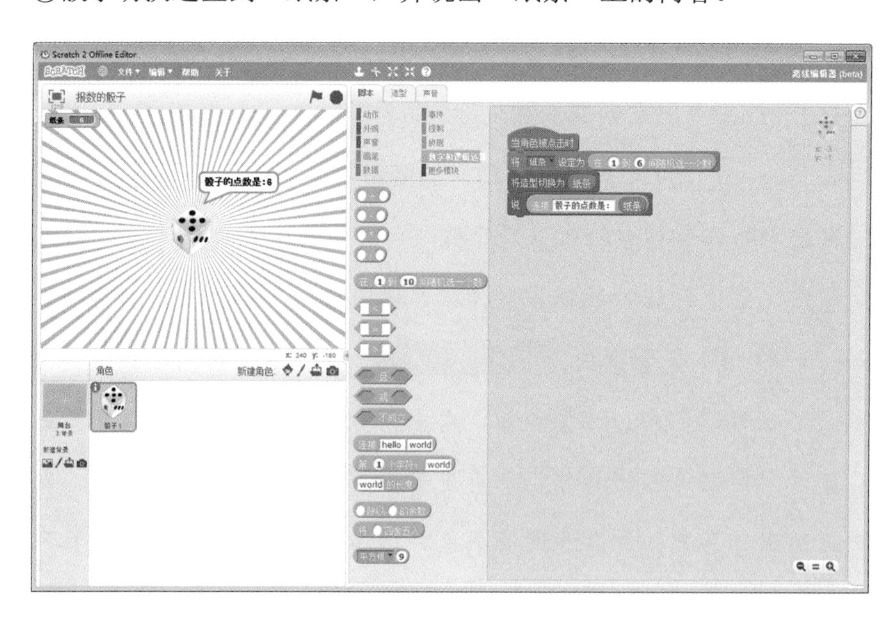

角色	造型	代码
		当 被点击 将 纸条 设定为 在 1 到 6 间随机选一个数 说 连接 我的点数是 纸条 将造型切换为 纸条 说 纸条

二、钛大师秘籍

Scratch 的变量名是区分大小写的，例如变量“a”和变量“A”是两个不同的变量。尽管局部变量在角色内部使用，但是其他角色的脚本仍可读取（不能修改）该变量。

三、动手练习

要求：

制作知识问答小游戏。

任务 1：添加素材到场景，包括通天河背景，A、B、C、D 四个选项。

任务 2：新建三个变量，分别是“问题”“成绩”“控制”。

任务 3：给各个角色添加脚本。

四、参考示例

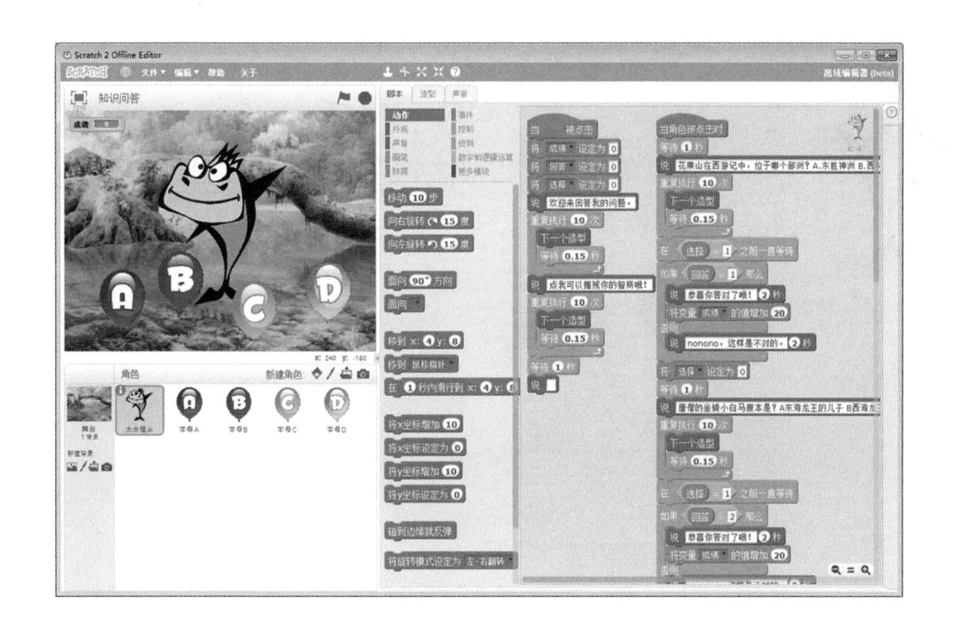

角色	代码
	当 被点击 将 成绩 设定为 0 将 回答 设定为 0 将 选择 设定为 0 说 欢迎来回答我的问题。 重复执行 10 次 　下一个造型 　等待 0.15 秒 说 点我可以摧残你的智商哦！ 重复执行 10 次 　下一个造型 　等待 0.15 秒 等待 1 秒 说 当角色被点击时 等待 1 秒 说 花果山在西游记中，位于哪个部洲？A.东胜神洲 B.西牛贺洲 C.南赡部洲 D.北俱芦洲 重复执行 10 次 　下一个造型 　等待 0.15 秒 在 选择 = 1 之前一直等待 如果 回答 = 1 那么 　说 恭喜你答对了哦！ 2 秒 　将 成绩 增加 20 否则 　说 no no no，这样是不对的。 2 秒 将 选择 设定为 0 等待 1 秒 说 唐僧的坐骑小白马原本是？A东海龙王的儿子 B西海龙王的儿子 C南海龙王的儿子 D北海龙王的儿子 重复执行 10 次 　下一个造型 　等待 0.15 秒 在 选择 = 1 之前一直等待 如果 回答 = 2 那么 　说 恭喜你答对了哦！ 2 秒 　将 成绩 增加 20 否则 　说 no no no，这样是不对的。 2 秒

```
等待 1 秒
将 选择 设定为 0
说 孙悟空最后被授予什么称号？A战斗胜佛 B净坛使者 C斗战胜佛 D 金身罗汉
重复执行 10 次
    下一个造型
    等待 0.15 秒
在 选择 = 1 之前一直等待
如果 回答 = 3 那么
    说 恭喜你答对了哦！ 2 秒
    将 成绩 增加 20
否则
    说 no no no，这样是不对的。 2 秒
将 选择 设定为 0
等待 1 秒
说 孙悟空的金箍棒重多少？A三千五百斤?B一万三千斤?C一万三千五百斤?D七千二百斤
重复执行 10 次
    下一个造型
    等待 0.15 秒
在 选择 = 1 之前一直等待
如果 回答 = 3 那么
    说 恭喜你答对了哦！ 2 秒
    将 成绩 增加 20
否则
    说 no no no，这样是不对的。 2 秒
将 选择 设定为 0
等待 1 秒
说 唐僧的生父是谁？ A刘洪 B陈光蕊 C陈光启 D陈光瑶
重复执行 10 次
    下一个造型
    等待 0.15 秒
在 选择 = 1 之前一直等待
如果 回答 = 2 那么
    说 恭喜你答对了哦！ 2 秒
    将 成绩 增加 20
否则
    说 no no no，这样是不对的。 2 秒
等待 1 秒
说 连接 测试完毕！您的总成绩是 成绩
```

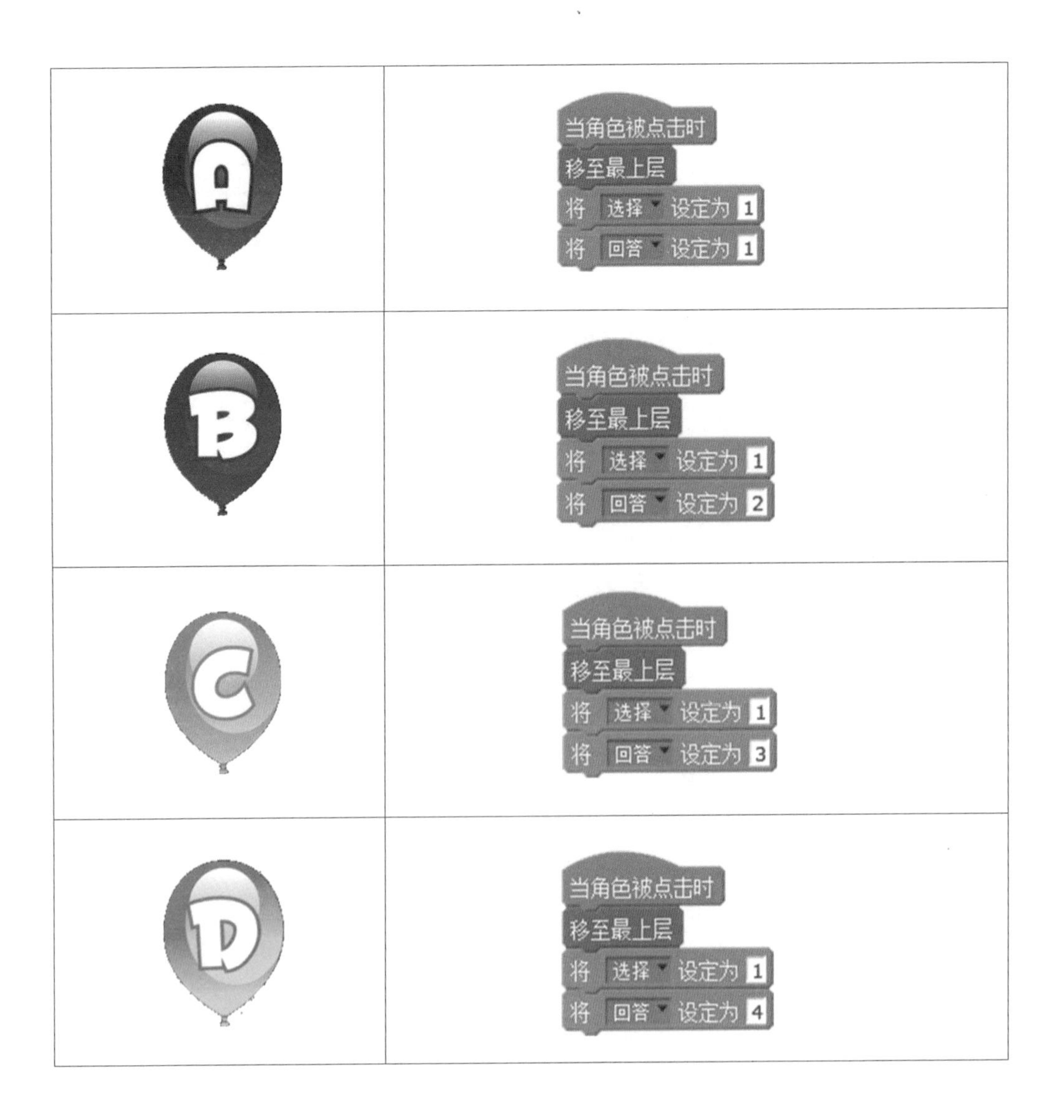

扫描二维码

查看演示步骤

Part 3

讲故事的大水怪

★ 链表的使用 ★

★ 文字的连接 ★

一、钛大师课堂

喵喵闹渊博的知识，和好到逆天的运气打败了河里的小鱼。大水怪终于坐不住了，从河里出来要和喵喵闹单挑。只不过单挑的方式有那么一点点独特：它要和喵喵闹比赛讲故事。

喵喵闹：天啊！我不会编故事啊！

钛大师：不要怕！讲故事用 Scratch 也是可以的，只是你要做一些准备工作。

首先你得清楚故事是由什么来构成的，然后用电脑去实现它。一般来说故事有五个要素：何时、何地、何人、何事、何故，每一个故事都应该包括这五项内容，才算表达清楚。咱们先整理一些关键词。

何时：现代、清朝、民国、未来、寒武纪、昨天、今天、20 年前……

何地：山东、太空、宇宙、超市、学校、森林、荒野、高铁、车站……

何人：喵喵闹、勇士、英雄、魔王、大妈、公主、地主、恐龙、喵星人、僵尸……

何事：打牌、战斗、结婚、交朋友、唱歌、跑步、倒立、深呼吸……

何故：饥饿、无聊、繁忙、无知、礼貌、厌烦、爱好、喜欢、痛苦……

从这些内容里，咱们随便挑出一些，然后使用关键词连接起来，就成了下面这个样子：

这是在民国的事情，恐龙和喵喵闹因为礼貌在车站愉快地唱歌。

这是在昨天的事情，公主和僵尸因为痛苦在太空愉快地倒立。

这是在未来的事情，魔王和喵星人因为爱好在荒野愉快地睡觉。

……

钛大师：你觉得这故事编得怎么样？

喵喵闹：笑死我了，这非常不怎么样，但忽悠大水怪可能够用了。

钛大师：上一次我们学习了如何使用变量，但这一次这么多内容，使用变量的话就太多了。Scratch针对这种情况还有一种功能可以使用，那就是“链表”。

1. 链表

我们有时需要把一堆东西存在一起，如果使用变量的话会很头疼，因为你会发现自己需要很多变量。我们想把这些数据放在某种“集合”当中，以方便我们使用：我们可以一次性地对整个集合做某些处理，这样也能更容易地记录一组东西。在 Scratch 中，这种集合叫作“链表”。

喵喵闹：是不是可以把链表理解成一组数据的集合，链表的每一项内容都是一个变量呢？

钛大师：这种描述已经很准确了，链表的本质其实就是一组变量。

一个变量只能储存一条数据，但是一个链表可以存很多数据。我们根据变量名来使用变量，装在链表里的数据没有变量名，但都会有编号，我们可以通过这个编号来找到相应的项目。它的新建和使用，和变量有很多相似之处。例如新建链表的对话框，就和新建变量的对话框一模一样。

①创建和删除链表。

链表的新建和删除与变量操作基本是一致的，通过点击“数据”标签下的“新建链表”按钮 新建链表 来新建链表。新建过程中，像新建变量时一样，也会询问你的变量作用域。链表创建好之后，也会在“数据”标签下，出现一个和变量非常类似的模块。删除操作也同样是在链表名字上点击右键，选择删除。

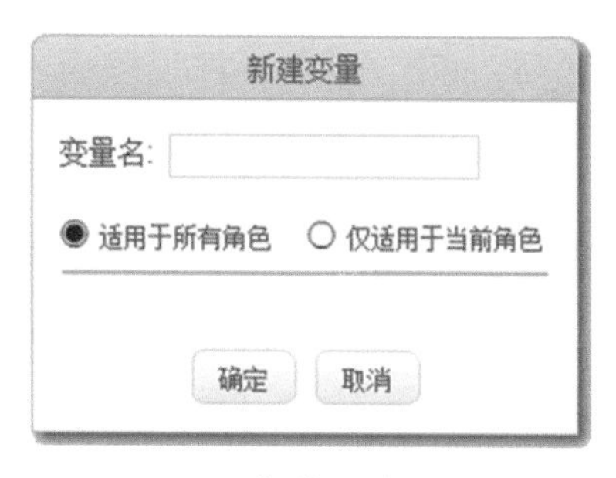

链表作用域

链表新建成功后出现的模块，取消对号的勾选可以使链表在舞台上隐藏

在链表上单击右键可以选择删除

②为链表添加数据项和删除数据项。

A. 链表创建之后会自动在舞台上打开该链表的读出器，单击读出器左下角的“+”号 + 可以为链表添加数据。

舞台左上角出现的链表

B. 将 thing 加到 新的链表 末尾 “将……加到链表……末尾”：向链表的末尾追加数据，在模块右侧的下拉菜单可以选择链表。

C. 插入: thing 位置: 1 到链表: 新的链表 “插入……位置……到链表……”：

在链表的任意位置增加数据。

D. 删除第 1 项: 新的链表 “删除……在链表……”：用来删除链表的指定项，数值处是一个可编辑的下拉列表，输入选择可以是某一项，也可以是末尾项或者全部项。

E. 替换位置: 1 链表: 新的链表 内容: thing “替换位置……链表……内容……”：用来修改链表的指定项，项目编号处可以选择输入编号，或者随机或者末尾的链表项。

③获得链表中的数据以及链表长度。

A. 第 1 项: 新的链表 第 随机 项: 新的链表 “第……项……”：根据编号，取出链表中的数据内容，可以是具体某项，也可以是任意项。

B. 新的链表 包含 thing ? “……包含……”：用来判断链表中是否包含这个内容。

C. 链表 新的链表 的长度 “链表……的长度”：所谓链表的长度，就是链表包含了多少个项。

④显示和隐藏链表。

和变量一样，链表创建后，会默认在舞台上显示。我们可以在以链表名字命名的模块前面取消打钩，控制链表是否在舞台上显示。Scratch 也提供了“显示链表……”和“隐藏链表……”两个命令模块用于在脚本当中控制链表的显示。

对号控制链表

显示链表 新的链表

隐藏链表 新的链表

显示隐藏和显示链表模块

⑤数据的导入和导出。

链表中的数据如果一条条输入未免太烦琐，Scratch 还提供了导入和导出功能。这样只需要把一条条数据整理成“*. txt”文件就可以导入 Scratch 使用了。同样，链表的数据也可以导出成“*. txt”文件供别的程序使用。

在链表上点击右键可以导入导出 txt 文件

2. 字符串的连接

新建 5 个链表，分别是“何时、何地、何人、何事、何故”，然后输入上面提供的内容。给喵喵闹加上脚本，让它说出“链表‘何时’的任意项”……

喵喵闹：这就可以讲故事了？我试试。“火星。”为什么一个个蹦词儿啊！这怎么算讲故事！

钛大师：要讲出完整的话，说单个词语肯定是不行的。

这里我们使用“数字和逻辑运算”标签下的“连接……和……”命令模块 连接 hello world 连接词语。“连接‘在’和‘链表何时的任意项’”，再看看是不是完整了一点。

喵喵闹：“在地球”，果然完整一点了，可如果这样连接下去，那模块看起来也太复杂了！

钛大师：确实是这样，“连接连接连接连接连接”，读起来好烦琐，很容易把人看懵啊。喵喵闹，你有什么解决的办法吗？

喵喵闹：我觉得可以加入几个变量，拆分一下，这样代码虽然变多了，可是看起来整洁很多。

二、钛大师秘籍

懂得方法以后，可以再丰富一下内容。制作出框架之后，按照同样的方法增加列表和词语，就可以讲出各种各样的故事。

三、动手练习

要求：

使用文本链表，制作会讲故事的大水怪。

四、参考示例

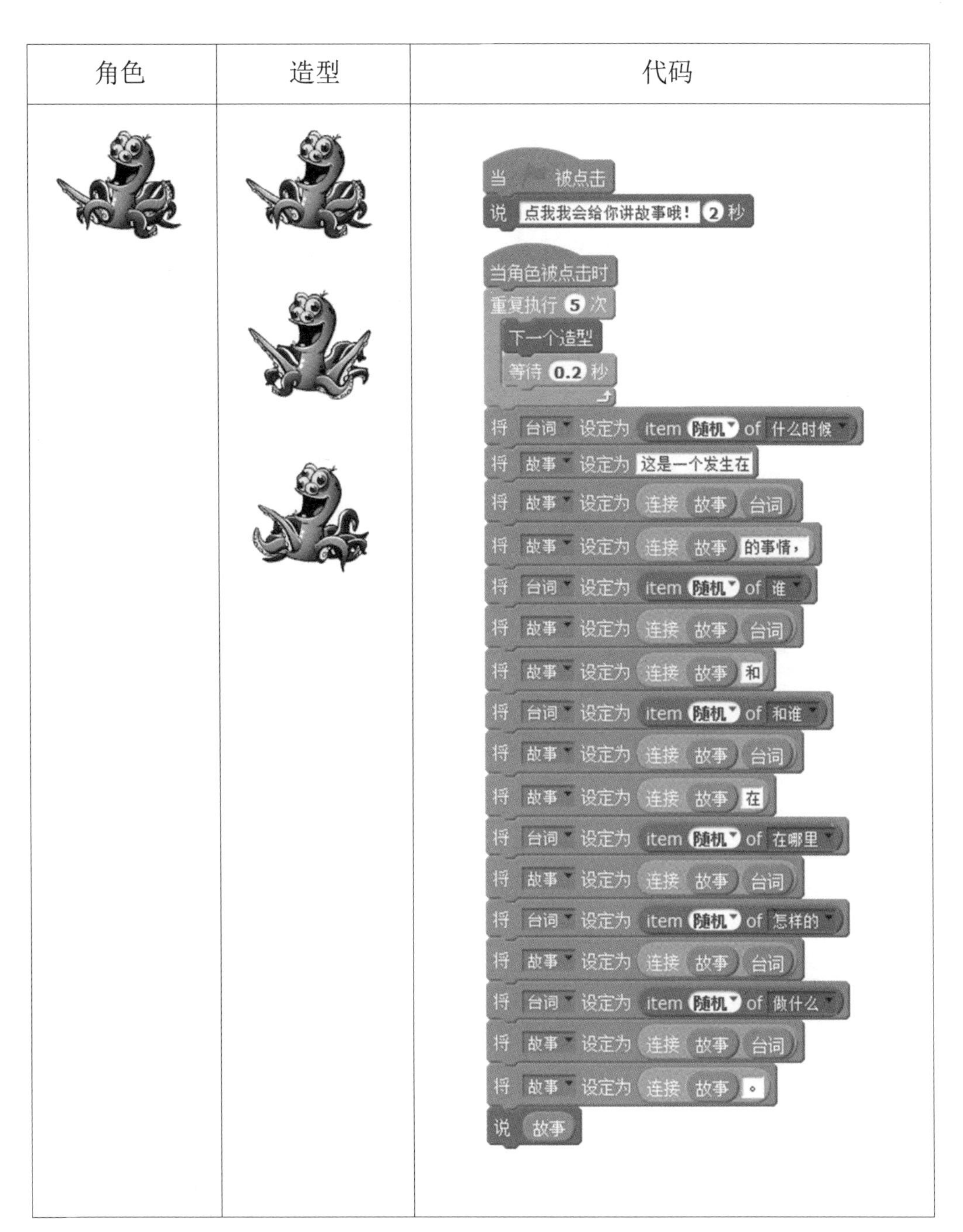

角色
造型
代码
当 被点击
说 点我我会给你讲故事哦！ 2 秒
当角色被点击时
重复执行 5 次
下一个造型
等待 0.2 秒
将 台词 设定为 item 随机 of 什么时候
将 故事 设定为 这是一个发生在
将 故事 设定为 连接 故事 台词
将 故事 设定为 连接 故事 的事情，
将 台词 设定为 item 随机 of 谁
将 故事 设定为 连接 故事 台词
将 故事 设定为 连接 故事 和
将 台词 设定为 item 随机 of 和谁
将 故事 设定为 连接 故事 台词
将 故事 设定为 连接 故事 在
将 台词 设定为 item 随机 of 在哪里
将 故事 设定为 连接 故事 台词
将 台词 设定为 item 随机 of 怎样的
将 故事 设定为 连接 故事 台词
将 台词 设定为 item 随机 of 做什么
将 故事 设定为 连接 故事 台词
将 故事 设定为 连接 故事 。
说 故事

扫描二维码

查看演示步骤

Part 4

神奇的过河密码

★ 使用 Scratch 进行运算 ★

★ 字符和字符串 ★

一、钛大师课堂

大水怪终于被喵喵闹的魅力所折服，居然答应送我们过河了！可是事情总是充满变数，在路上它告诉我们，这条大河是有密码存在的，否则永远上不了岸！这个密码就是，在过河的时候，每走一里路都要计算一下当前里数是不是包含 7，或者是不是 7 的倍数，如果是的话，船上的人要一起喊“耶”！

喵喵闹：听起来不赖，可感觉这密码这么奇怪呢？

钛大师： 这种要求对 Scratch 来说完全不是事儿。首先你要懂得计算，例如“加减乘除”。

1. 四则运算

四则是指加法、减法、乘法、除法的计算法则。Scratch 提供的四则运算模块非常直观，每个模块都清晰地说明了自己所能实现的功能。这些模块都能嵌入到其他模块的数值插入孔中来表示其结果的数值。

( ) + ( )　( ) - ( )　( ) * ( )　( ) / ( )

喵喵闹：确实，你不说我都猜得到这模块是干吗的。

2. 运算优先级

Scratch可以将运算模块以各种形式组合到一起，用以进行比较复杂的运算。然而它运算的优先级和普通四则运算略有不同，普通四则运算的优先级是先乘除后加减、从左往右算等，Scratch则先运算嵌入模块的最里面的那一层级。

图中的计算先计算的是“2+2”，然后计算“*4”，其结果是16。

喵喵闹：这个也好理解，把模块的圆头看成小括号就行了。

3. 比较运算

你在程序当中得到了各种数值，可是这些数值是不是你想要的，还得让计算机比较一下。Scratch提供了3个命令模块来进行比较运算。

①“<”模块 [ ] < [ ]：用来判断第一个输入孔中的数值是否小于第二个输入孔中的数值。

②“=”模块 [ ] = [ ]：用来判断两个输入孔中的数值是否相同。

③“>”模块 [ ] > [ ]：用来判断第一个输入孔中的数值是否大于第二个输入孔中的数值。

4. 逻辑运算

Scratch有三个逻辑运算模块，他们是：

①“……且……” 且：两边的条件都成立的时候判断为真。

②“……或……” 或：两边的条件有一个成立就可以判断为真。

③“……不成立” 不成立：取反，条件成立的时候为假，不成立的时候为真。

5. 四舍五入、余数、函数

Scratch 有两个命令模块是关于四舍五入和余数的。

①“……除以……的余数” 除以 的余数：用来求左边数据除以右边数据的余数，称作“求余运算”。

②“将……四舍五入” 将 四舍五入：数据框里的数值是小数才有效，然后返回四舍五入以后的整数。

喵喵闹：有办法定义四舍五入的位数么？

钛大师：同样，没有直接的参数，但可以自己多写几句来实现。

更高级的运算

除了这些简单的运算，Scratch 还提供了更复杂的数学函数模块运算功能。通过单击模块右侧的下拉列表可以看到下列函数：绝对值、平方根、向下取整、向上取整、sin、cos、tan、asin、acos、atan、ln、log、e^、10^。现在看不懂没关系，你知道这些是数学函数就好了，用得着的时候到这里来找。

有了上面的知识，怎么来计算现在的里程是不是 7 的倍数是毫无问题了。但是数值里面有没有包含 7，这个还需要用到别的知识。

6. 字符串操作

字符串就是字符构成的序列，常见的字母、数字、标点符号、汉字都可以看作字符。在 Scratch 中，一些数值也可以看作字符。字符串的长度就是指字符串所包含的字符总数。Scratch 提供了 3 个关于字符串操作的命令模块。

①“连接……和……” （连接 hello world）：用来把两个字符串连接成一个字符串。

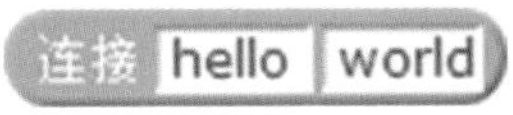

②“字符串的第……个字符” （第 1 个字符： world）：从字符串中取出一个字符。

③“……的长度” （world 的长度）：返回字符含有多少个字符。

喵喵闹：可这里面并没有判断字符串里有没有某个字符的模块啊？

钛大师：这个需要动脑去实现，一般我是使用变量去一个个比较。例如我在判断某段字符里是否有“7”这个字符时，我是这么写的：

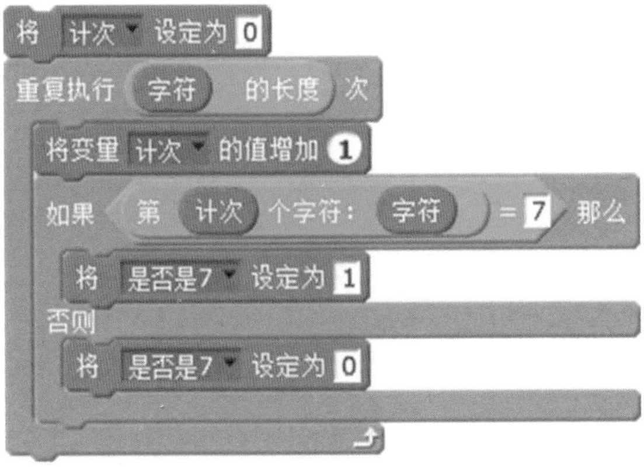

```
将 计次 设定为 0
重复执行 (字符 的长度) 次
    将变量 计次 的值增加 1
    如果 <(第 (计次) 个字符：(字符)) = 7> 那么
        将 是否是7 设定为 1
    否则
        将 是否是7 设定为 0
```

二、钛大师秘籍

大于等于、小于等于、不等于可以使用逻辑运算 + 比较运算来实现。

例如：

：a ＞ b 或 a ＝ b

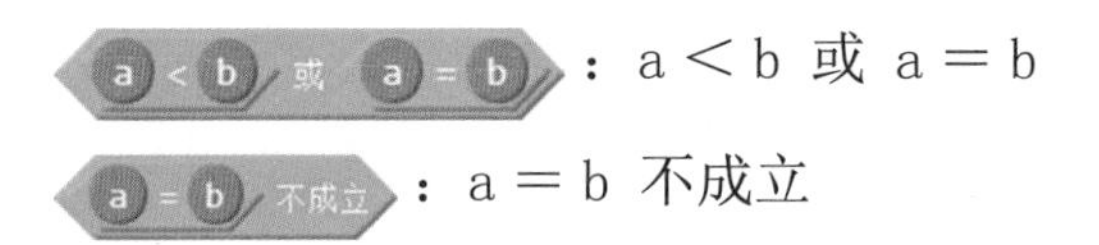

：a＜b 或 a＝b

：a＝b 不成立

判断字符串里有没有某个字符，实现起来比较烦琐，思路就是：要根据字符串的长度，取出每一个字符，然后去比较这个字符是不是你需要的。

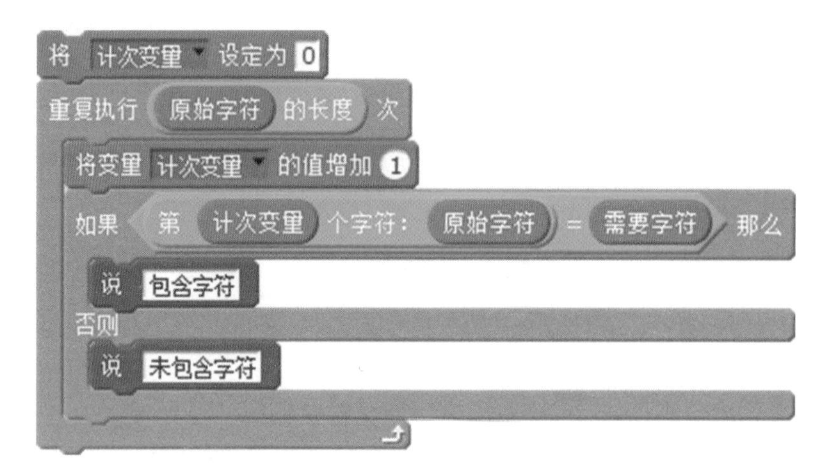

三、动手练习

要求：

模仿“明 7 暗 7”小游戏制作报数游戏。

任务 1：大水怪带着大家过河，当前里程作为一个变量显示在舞台上。

任务 2：当前里数不包含 7 或者不是 7 的倍数时喊当前里程数。

任务 3：当前里数包含 7 或者是 7 的倍数时喊“耶”。

任务 4：走够 50 里，到达河对岸。

四、参考示例

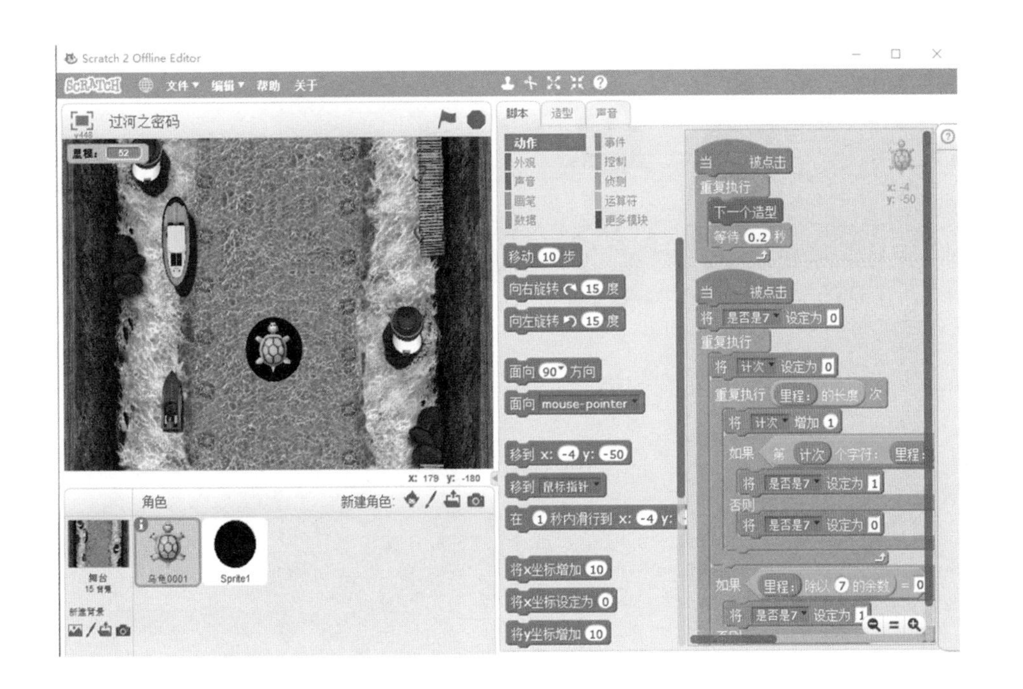

角色	造型	代码
		当 被点击 重复执行 　下一个造型 　等待 0.2 秒 当 被点击 将 是否是7 设定为 0 重复执行 　将 计次 设定为 0 　重复执行 (里程: 的长度) 次 　　将 计次 增加 1 　　如果 (第 (计次) 个字符: (里程:)) = 7 那么 　　　将 是否是7 设定为 1 　　否则 　　　将 是否是7 设定为 0 　如果 ((里程:) 除以 7 的余数) = 0 那么 　　将 是否是7 设定为 1 　否则 　　将 是否是7 设定为 0

		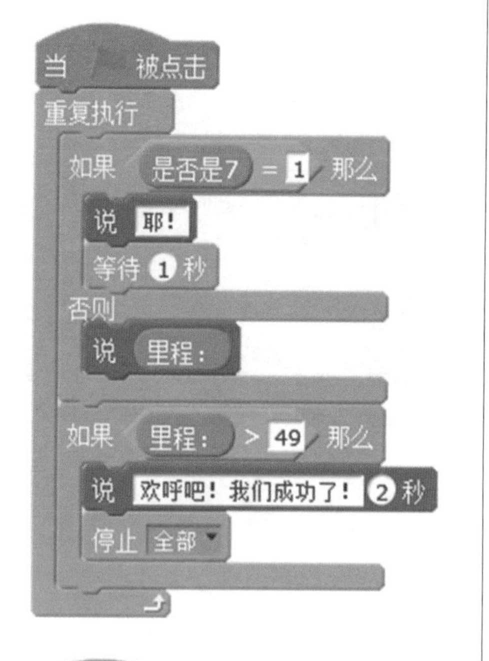 当 被点击 将 里程: 设定为 1 重复执行 等待 1 秒 将 里程: 增加 1

扫描二维码

查看演示步骤

DAY 5
第 五 天
街头艺术家

研究透了过河的密码，大家很快就过了通天河。上岸和大水怪告别以后，喵喵闹发现自己到了一个奇怪的地方：这是一个小城，但到处灰蒙蒙的，没有色彩，天空也没有蓝色。更让人恐惧的是，大街上也没有人！这时，突然听到有走路的声音由远及近缓缓传来，一个红色的身影慢慢出现，同时带来了一声问候："大家好，我是这里的艺术家。请问有什么需要帮助的吗？"

Part 1

遗忘之城的画家

★ 使用画笔绘画 ★
★ 设置画笔的颜色 ★
★ 设置画笔的大小 ★
★ 清除画笔绘制的内容 ★

一、钛大师课堂

钛大师：喵喵闹，今天可能要发挥一下喵星绝技中的画画功能了。

喵喵闹：这是为什么？

钛大师：这里是遗忘之城，自从魔王降临的传说出现以后，所有的居民都跑光了。没有了人气，这里也逐渐失去了各种颜色。这个画家是意外路过这里，他发现让世界充满色彩是他的使命，他正在找能够帮助他的人。

喵喵闹：要不咱们把 Scratch 送给他吧，Scratch 的绘画工具还是蛮多的。

钛大师：那没有必要，他只是需要绘画功能。咱们用 Scratch 制作一款好用的画笔送给他吧！

1. 使用画笔绘画

Scratch 提供了用脚本绘画的功能，这些命令模块集中在“画笔”标签下。这里有个虚拟画笔的概念，默认脚本写在哪个角色下面，哪个角色就成为你的虚拟画笔。虚拟画笔和真实世界里的画笔概念是类似的，那就是需要“起笔”

抬笔 和“落笔” 落笔 ：画笔在落笔时开始绘图，起笔时停止绘图。下面你可以用这两个模块来试试。

喵喵闹：我使用落笔了，可是画面没有反应啊！

钛大师：你只使用一个落笔命令是看不出效果的，落笔以后你需要移动画笔才可以画出东西来。例如，你落笔以后，“移动”50步看看。

喵喵闹：画出线段来了，可这线段又短又细又丑，只是一个简单的直线。

钛大师：可以设置画笔的颜色和大小。

2. 设置画笔的颜色和大小

在落笔之前，你可以先调整一下画笔的颜色和大小。Scratch仅仅是为了改变画笔的颜色，就提供了5个命令模块。

①“将画笔的颜色设定为……” 将画笔的颜色设定为 ：最直观的选择画笔颜色的方法，点击色块后鼠标变为一个手型图标，在舞台任意移动，选择一个任意颜色赋值给画笔。

②“将画笔的颜色设定为” 将画笔的颜色设定为 0 ：直接给画笔指定一个颜色的数值，这里的颜色设定只关于色相和饱和度。

③“将画笔的颜色值增加……” 将画笔的颜色值增加 10 ：根据数值来调整画笔的颜色，这个命令用于在绘图时逐渐改变画笔的颜色。

④“将画笔的色度设定为……” 将画笔的色度设定为 50 ：直接给画笔指定一个色度的数值，这里的色度设定只关于颜色的亮度。

⑤“将画笔的色度增加……” 将画笔的色度增加 10 ：根据数值来调整

画笔的亮度，这个命令用于在绘图时逐渐改变画笔颜色的亮度。

Scratch 颜色和数值的对应关系

颜色	数值
红色	0
橙色	20
黄色	35
绿色	70
蓝色	130
紫色	150
粉色	175
红色	200

Scratch 亮度和数值的对应关系

亮度	数值
黑色	0
灰色	50
白色	100

既然能够设置画笔的颜色，画笔大小的设定当然也不是问题。在Scratch中，有两个命令模块是设定画笔大小的。

①“将画笔的大小设定为……” 将画笔的大小设定为 1 ：使用数值设定画笔大小。

②“将画笔的大小增加…… ” 将画笔的大小增加 1 ：使用数值增加或者减少画笔的大小。

喵喵闹：我觉得我可以画出彩虹一样颜色的线条了。

3. 清除画笔的绘画内容

使用清空命令 清空 可以很方便地清除舞台上所有画笔的绘画内容，但很遗憾，Scratch 不能清除某一部分画笔的绘画内容。

```
当 被点击
清空
移到 x: -200 y: 0
将画笔的大小设定为 50
隐藏
落笔
将画笔的颜色设定为 0
重复执行 200 次
    移动 2 步
    将画笔的颜色值增加 1
抬笔
```

画彩虹条代码

二、钛大师秘籍

秘籍 1：画笔的大小最小为 1，最大为 300。

秘籍 2：Scratch 没有提供橡皮擦工具，把画笔颜色调整成背景的颜色即可实现橡皮擦的功能。

三、动手练习

要求：

使用提供的素材制作一款小画家软件。

任务 1：画笔随着鼠标的移动而移动。

任务 2：可以设置画笔的大小，画笔大小能够在舞台上观察到。

任务 3：可以通过数值来设置画笔的颜色。

任务 4：实现橡皮擦功能。

四、参考示例

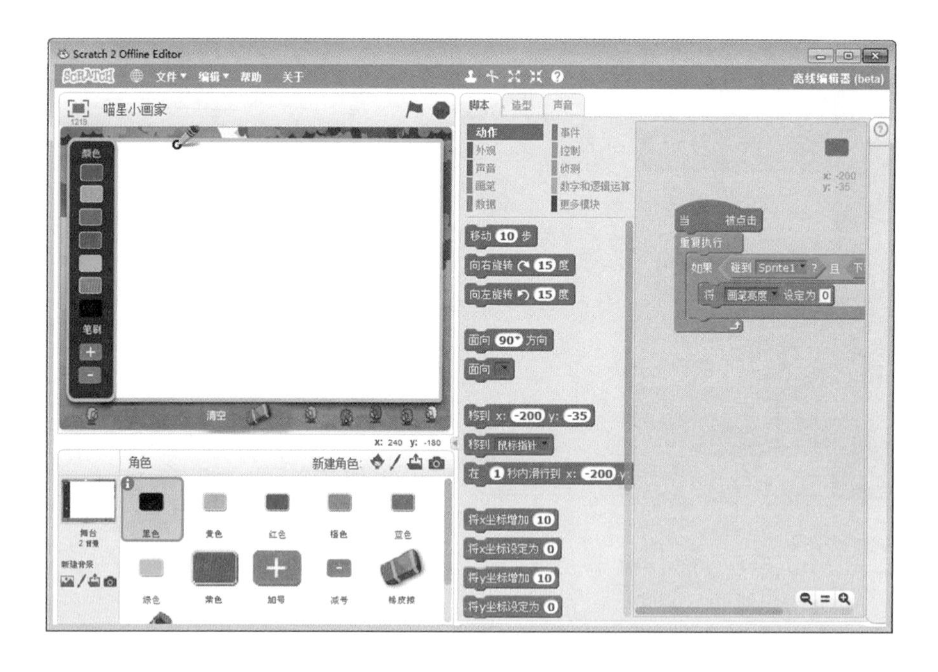

角色	造型	代码
(铅笔)		当 被点击 重复执行 移到 鼠标指针
(橡皮擦)		当 被点击 重复执行 如果 碰到 Sprite1 ? 那么 将 画笔亮度 设定为 100
清空		当 被点击 重复执行 如果 碰到 Sprite1 ? 且 下移鼠标 那么 广播 清空画布

+		当 被点击 重复执行 如果 碰到 Sprite1 ? 且 下移鼠标 那么 将变量 画笔大小 的值增加 1
-		当 被点击 重复执行 如果 碰到 Sprite1 ? 且 下移鼠标 那么 将变量 画笔大小 的值增加 -1
	色块颜色不同，画笔颜色的值不同。	当 被点击 重复执行 如果 碰到 Sprite1 ? 那么 将 画笔颜色 设定为 150 将 画笔亮度 设定为 50
		当 被点击 重复执行 如果 碰到 Sprite1 ? 且 下移鼠标 那么 将 画笔亮度 设定为 0

扫描二维码

查看演示步骤

Part 2

神秘马路的印痕

★ 使用图章 ★

一、钛大师课堂

画家非常感谢大家的礼物，可是他又马上提出了新的问题。前几天，在遗忘之城的某个角落里，他发现墙上、地上都布满了爪印一样的印痕，他十分喜欢，他想带大家去现场看一看，他也想画出那样的画。

喵喵闹：难道这些脚印背后有什么秘密？脚印是怎么画出来的？

钛大师： Scratch 在画笔标签下，提供了“图章”工具 图章 。咱们就利用这个来完成脚印的功能。图章模块可以捕获当前造型的图像，并将其绘制到舞台上。

喵喵闹：这么神奇？图像特效也能画吗？

钛大师： 图像特效当然也没问题，现在就可以试一下。

例如，新建一个作品，然后把喵喵闹放置到舞台上。给喵喵闹加上这样的脚本。这个脚本执行以后，首先把舞台上所有的画笔痕迹都清除掉，然后移动喵喵闹到舞台最左边，设置其方向和图像特效，接下来循环 5 次，最后喵喵闹趴在舞台上的过程就展现出来了。

喵喵闹：我怎么感觉你这是要让我在舞台上摔碎呢？可这是复制的我的形象，关脚印什么事儿？

钛大师：你问的不是功能的问题，是使用技巧的问题。我为什么要在你走过去的地方用图章复制你呢？为什么不去复制脚印呢？

喵喵闹：我明白了！脚印也是一个角色，现在脚印才是画笔！在我走过的地方，使用图章功能复制一个脚印出来就可以了。可是我没看到舞台上有脚印这个角色啊。

钛大师：脚印这个角色当然要隐藏起来。不然你走哪里后面都飘着一对脚印不是闹鬼了……

其实利用图章模块，可以制作出很多很神奇的效果。例如很多绘图软件里的“笔刷”效果，还有一些图案填充的效果，都可以利用图章模块制作出来。

喵喵闹：我想想，一些射击游戏里，弹痕的效果是不是也可以用图章来制作？

二、钛大师秘籍

工具栏的复制工具、画笔标签下的图章模块，还有后面会提到的克隆工具，都有相似的功能，就是在舞台上复制角色。但其使用方法和用途是完全不同的。现在你可以把复制工具和图章功能做下比较，研究下有什么不同。

三、动手练习

要求：

利用素材，制作留下脚印的耗子淘。

任务 1：耗子淘可以使用方向键控制走动。

任务 2：耗子淘在走过的地方可以留下脚印。

四、参考示例

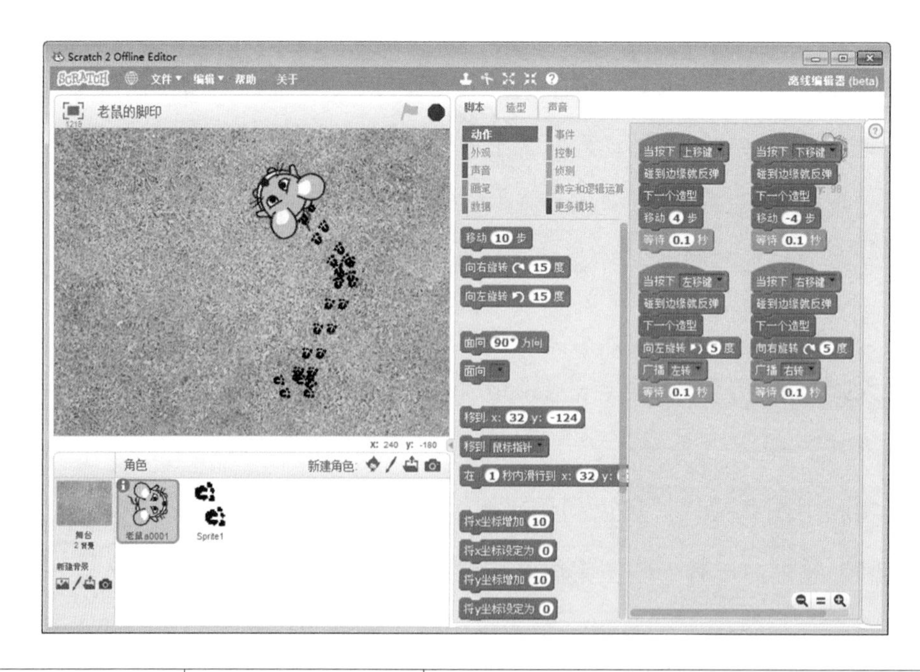

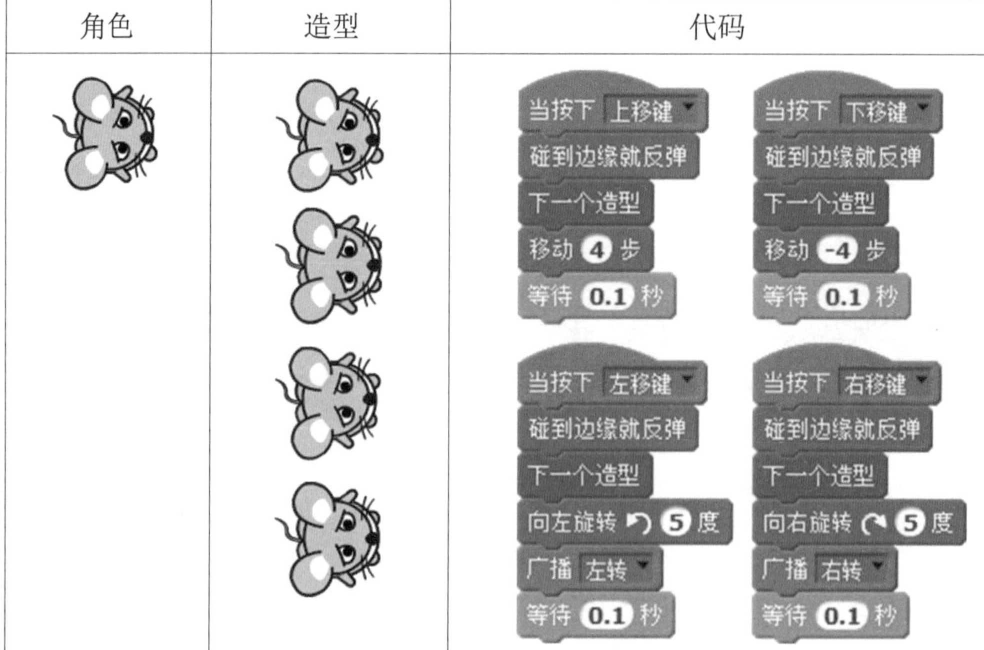

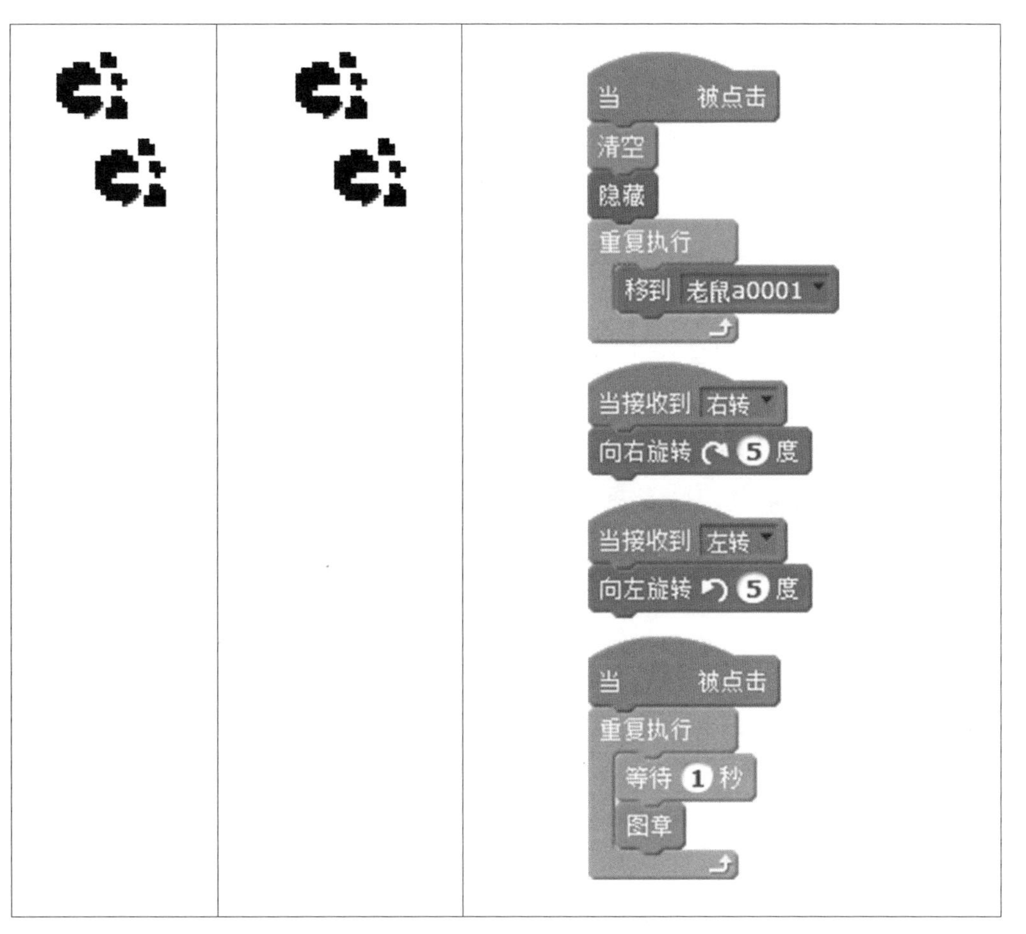

扫描二维码

查看演示步骤

Part 3

踏着六芒星前行

★ 使用功能块 ★

★ 绘制多边形 ★

★ 绘制万花筒 ★

一、钛大师课堂

钛大师：这些痕迹是一种神秘的符号，按照他们的痕迹绘制图形就可以发生奇妙的事。

喵喵闹：这些图形肯定是有某种规律存在的！

钛大师：我观察了好久，还是我来告诉你们规律吧。

这些形状都是多边形，或者是多角形。而且它们的角数和边数是有规律的。四边形、五角星、六边形、七角星……这些形状都可以用 Scratch 绘制出来！

1. 绘制多边形

Scratch 并没有提供绘制多边形的功能模块，但是这并不妨碍我们使用 Scratch 来绘制多边形。

首先你需要知道正多边形内角和定理：n 边形的内角的和 =（n-2）×180°（n 大于等于 3 且 n 为整数）

多边形的边数	图形	分割出三角形的个数	多边形的内角和
三角形		（3 － 2）＝1 个	180°
四边形		（4 － 2）＝2 个	2×180°
五边形		（5 － 2）＝3 个	3×180°
六边形		（6 － 2）＝4 个	4×180°
……	……	……	……
n 边形		（n － 2）个	（n － 2）×180°

喵喵闹：我知道它的内角和有什么用？

钛大师： 知道了多边形的内角和，就可以计算出内角的角度；有了内角的角度和边长，就可以绘制多边形。

例如，咱们要绘制一个四边形，那么每个内角的角度就是：（n-2）×180÷4，每个角为 90 度！那么绘制四边形就可以这么写脚本：

```
当 被点击
面向 90 方向
清空
移到 x: -100 y: 100
落笔
重复执行 4 次
    移动 100 步
    向左旋转 (360 - (360 / 4)) 度
抬笔
移到 x: -193 y: 132
```

喵喵闹：四边？不就是正方形吗？不用算我也知道 90 度啊。

耗子淘：多了怕你口算不出来。

钛大师：两个人不要斗嘴，你们继续来练习一下，然后咱们开始研究怎么绘制多角星的图案。n角星的内角角度是180° －180° ÷ n ，但是n必须是奇数。你能知道怎么绘制n角星了吗？

```
当 被点击
面向 90 方向
清空
移到 x: -100 y: 100
落笔
重复执行 5 次
    移动 100 步
    向左旋转 (360 - (360 / 5)) 度
抬笔
移到 x: -193 y: 132
```

喵喵闹：这个比多边形复杂不了多少，因为星形要绘制的边数等于它的角数。我画给你看。

```
当 被点击
清空
面向 90 方向
移到 x: -100 y: 100
落笔
重复执行 5 次
    移动 100 步
    向右旋转 (180 - (180 / 5)) 度
抬笔
移到 x: 194 y: 137
```

钛大师：非常正确啊！这么看这个图形密码岂不是马上要被你破解了！

2. 使用功能块

喵喵闹：多边形和多角形我会绘制了，可是那么多形状都要这么来写脚本岂不是要累死我！

钛大师： 新建功能块可以帮到你。

新建功能块是Scratch 2.0 的新功能。它可以将一个角色中经常使用的某段脚本生成一个新的模块，再需要使用这段脚本的时候，就不必重新进行编写了，只需要调用该模块即可。而且功能块定义的模块，支持自定义参数，只要在定义模块的时候选择相应的参数类型即可。

①数字参数：数值型数据的参数，一般是整数或者小数，Scratch 里所有可以拿来进行计算的数据基本都是数字参数。例如多边形的边数。

②字符串参数：文本型数据的参数，只要你用键盘可以打出来的字符基本都属于这一类。例如角色说话的内容。

③布尔型参数：条件型的参数，用来判断真或者假，有或者无，正或者反，成立或者不成立的时候都需要用到。所有尖形状的命令模块，都可以看作一个

布尔型的参数。

④文本标签：跟自定义模块的参数无关，这个标签不参与功能，只参与描述。例如咱们现在需要的功能块，就需要一个数值参数，一个文本标签。最后的结果是这个样子的。可以试试看。

```
定义 画 (number1) 边形
面向 (90▾) 方向
清空
移到 x: (-100) y: (100)
落笔
重复执行 (number1) 次
    移动 (100) 步
    向左旋转 ↺ ((360) - ((360) / (number1))) 度
抬笔
移到 x: (-193) y: (132)
```

喵喵闹：果然方便很多啊！我感觉我可以一直画下去！

```
定义 画 (number1) 角星
清空
面向 (90▾) 方向
移到 x: (-100) y: (100)
落笔
重复执行 (number1) 次
    移动 (100) 步
    向右旋转 ↻ ((180) - ((180) / (number1))) 度
抬笔
移到 x: (194) y: (137)
```

二、钛大师秘籍

利用好功能块和变量，可以极大地提升编写程序的效率。但凡发现一段代码会在程序中出现两次或者更多，首先考虑是不是新建一个功能块来制作。

三、动手练习

要求：

任务 1：舞台上出现一个多边形和一个多角星的角色，点击不同角色出现询问界面。

任务 2：在询问界面输入要绘制的边数，按下回车键以后，程序开始绘制指定的形状。

四、参考示例

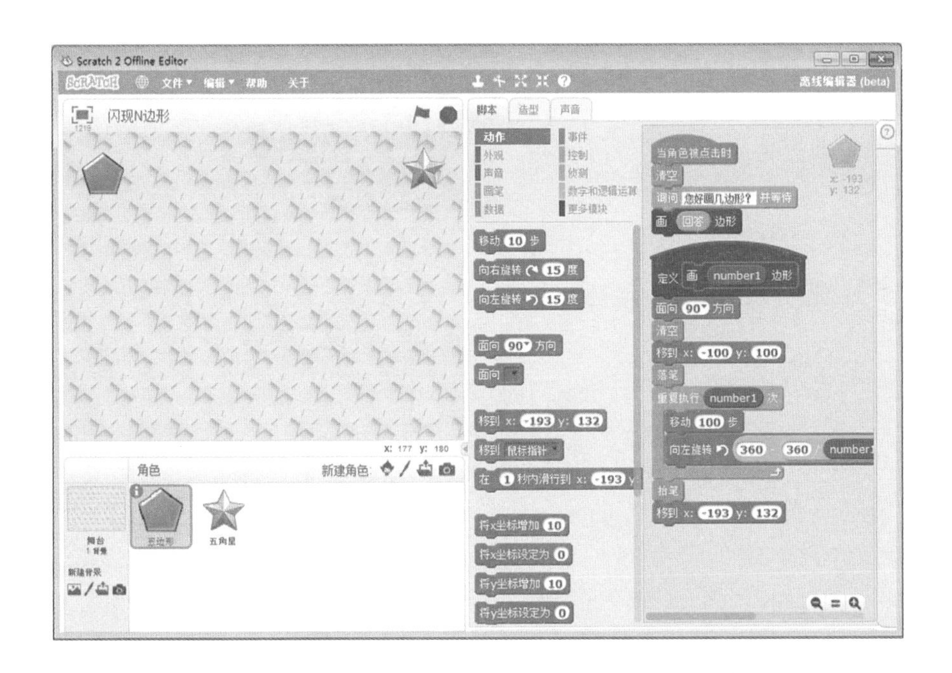

角色	造型	代码
		当角色被点击时 清空 询问 您好画几边形? 并等待 画 回答 边形 定义 画 number1 边形 面向 90 方向 清空 移到 x: -100 y: 100 落笔 重复执行 number1 次 移动 100 步 向左旋转 ↶ 360 - 360 / number1 度 抬笔 移到 x: -193 y: 132 当角色被点击时 清空 询问 您好画几边形? 并等待 画 回答 边形

角色	造型	代码

		当角色被点击时
		清空
		询问 您好画几角星？ 并等待
		画 (回答) 角星
		
		定义 画 (number1) 角星
		清空
		面向 90 方向
		移到 x: -100 y: 100
		落笔
		重复执行 (number1) 次
		  移动 100 步
		  向右旋转 ↻ (180 - (180 / (number1))) 度
		抬笔
		移到 x: 194 y: 137

扫描二维码

查看演示步骤

DAY 6
第 六 天
八音盒医院

喵喵闹绘制出密码以后，果然出现了一个六芒星形状的通道。这么神秘的地方，八成就是魔王的巢穴了吧？喵喵闹它们毫不犹豫地闯了进去。然而，进去以后大家惊呆了。这是什么地方？挂号处、门诊、药房、病房……费那么大周折，进来的这个没有门的建筑居然是家医院？！这个时候医院里传来一阵琴声，这更诡异了！医院里放音乐干吗？

Part 1

随着节奏来打针

★ 新建声音 ★

★ 播放声音 ★

一、钛大师课堂

八音盒没有在医院里，医院本身就是八音盒。如果想通过医院，必须要配合这里的音乐一起演奏。

钛大师：喵喵闹，咱们的游戏没有声音，没有好的效果。忽视声音这本身就是病，确实得到医院去看看。

喵喵闹：声音？Scratch 还能制作声音？

在动画、游戏、程序当中，都少不了声音的存在。想一想咱们以前制作的各种场景，其实都需要声音来搭配一下：例如需要一些背景音乐，或是在人物有动作的时候增加一些音效。Scratch 提供了专门的声音模块，集中在“声音”标签下，这里的命令模块可以用来播放声音、演奏音符。

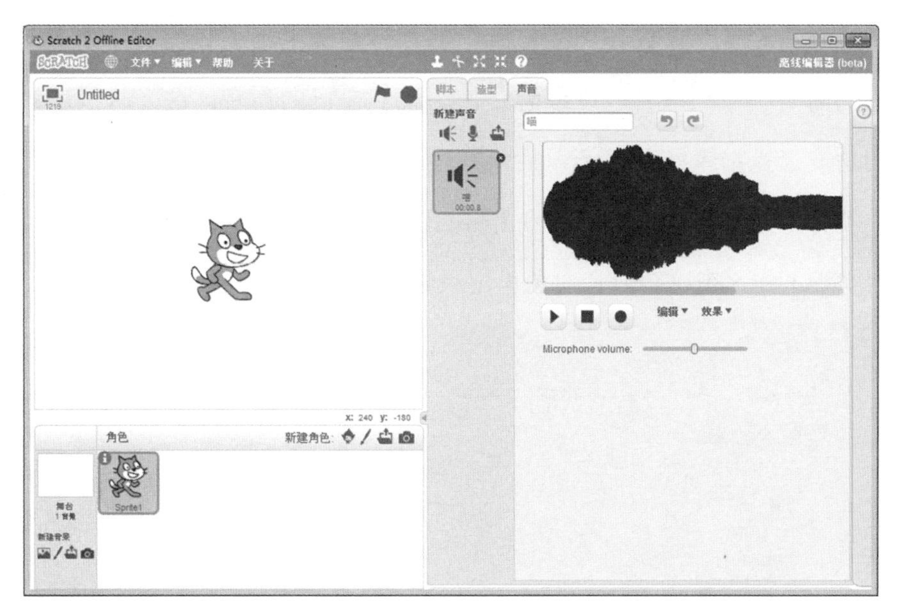

1. **新建声音**

声音从哪里来？声音和造型一样，不是凭空出现的。它需要你先提供给Scratch才可以。Scratch有三个选项卡：脚本、造型、声音。声音选项卡咱们从来没用过，它和造型选项卡的布局非常类似，可是没有造型选项卡那么多的工具。这里新建声音标签旁边有三个按钮，添加新声音的功能都在这里了。

①从声音库中选取声音：和角色库一样，Scratch也提供了丰富的音效素材库，一些背景音乐、动物的音效等都可以在这里找到。

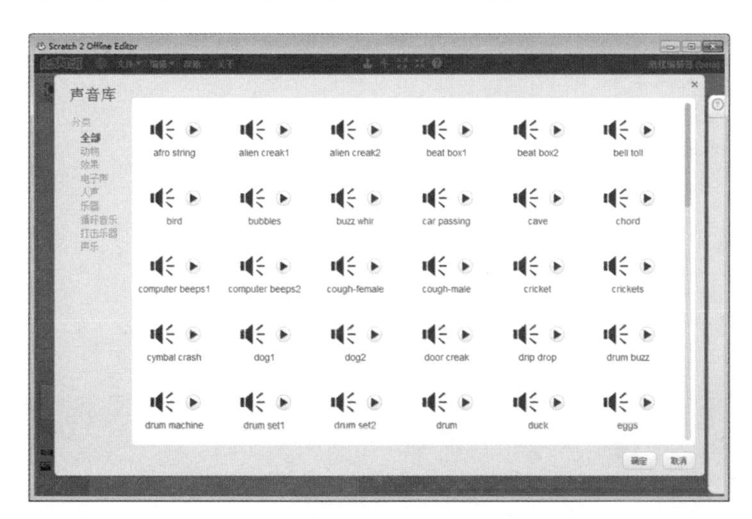

②录制新声音：仅仅使用素材库中的声音是满足不了我们的需要的，很多时候我们需要制作一些音效，或者是使用我们自己的声音。这个时候就需要使用录制功能。点击录制新声音以后，程序新建了一个空白的声音对象，但这个时候并没有开始录制。只有在你点击了右面面板的“录音”按钮之后，Scratch才开始录音工作，在这个声音对象里记录你麦克风采集到的声音。

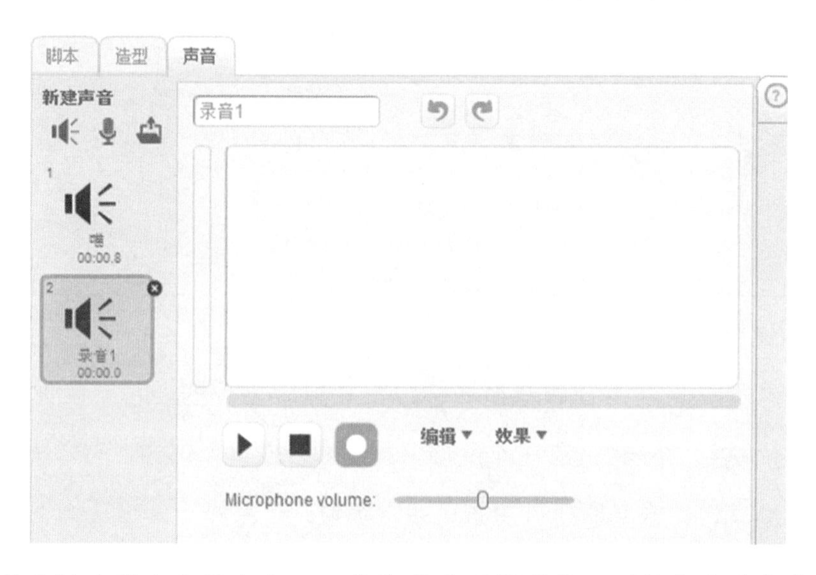

③从本地文件中上传声音：一些你喜欢听的歌曲，可能你电脑上有，但是Scratch里是不提供的。这个时候你需要这个功能，从本地文件里选择一个声音提供给Scratch。但要记住，要选择提供“MP3”格式和“WAV”格式的文件哦。

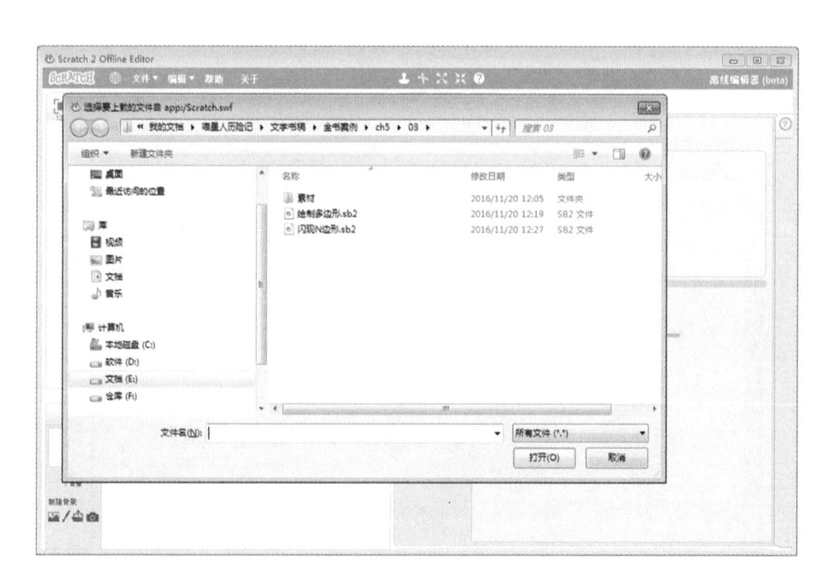

喵喵闹：不知道录音的时候有时间限制没有？我想唱个三天三夜……

2. 调整声音

程序中间位置下的每个“喇叭”图标  都代表一个声音对象，单击鼠标选中，在声音选项卡的右侧面板，可以对声音播放试听并进行调整。

播放、停止和录制

①改变声音对象的名字：和给造型命名一样，声音选项卡的这个位置也可以给声音对象命名。

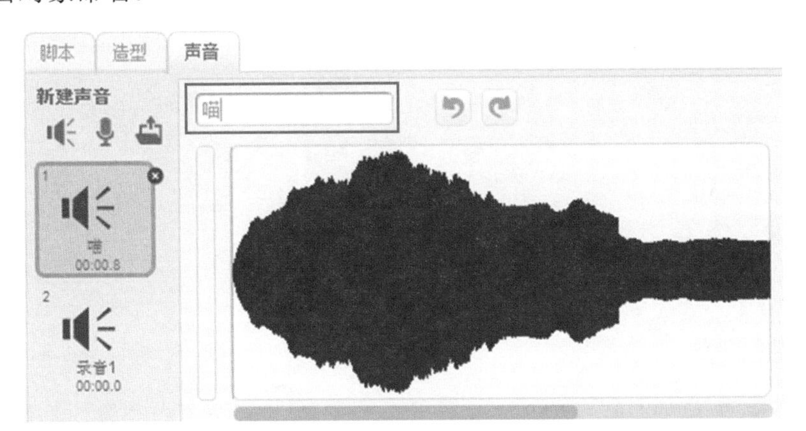

②重新录制声音：通过电脑的麦克风录制声音，点击以后开始工作。

③声音的编辑：声音的波形图可以通过鼠标的拖动来选择局部，然后对所选择的区域进行编辑操作，例如剪切、粘贴、删除。

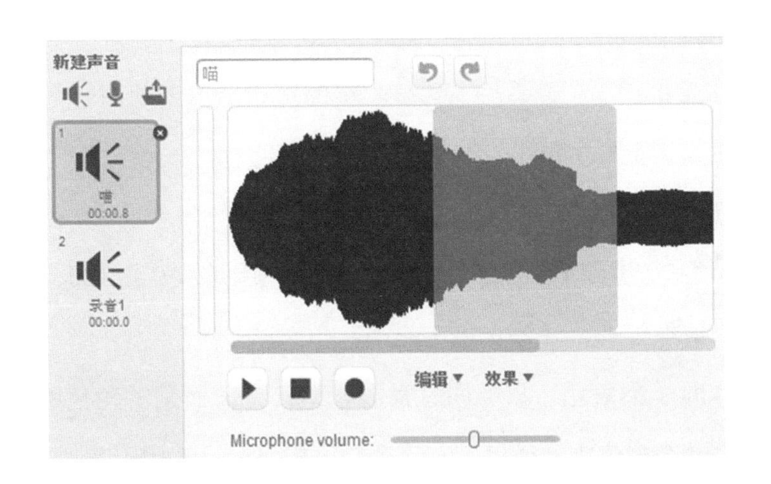

④声音的特效：点击声音下方的“效果”菜单可以对声音对象的局部进行添加特效的操作，特效包括淡入、淡出、响一点、轻一点、无声、反转。

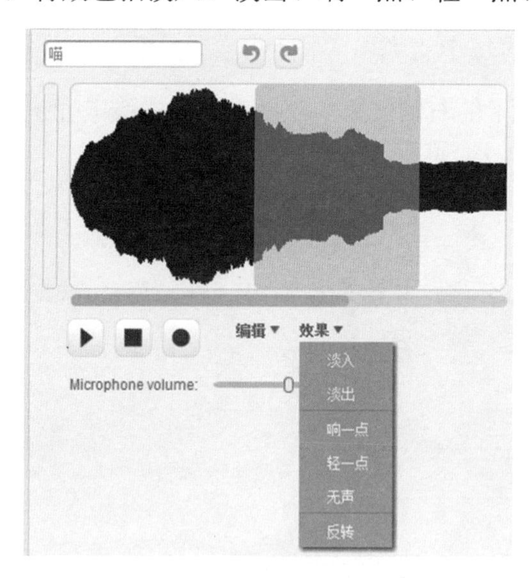

喵喵闹：声音的反转是什么情况？

钛大师：自己试一下。

3. 使用声音

Scratch 模块的“声音”标签下有五个关于使用声音的命令模块，分别是“播放……声音”“播放……声音直到停止”“停止全部声音”“将音量设定为……”。

①“播放……声音” 播放声音 meow ：播放指定声音，无论声音是否播放完毕，继续运行下面的命令模块。

②“播放……声音直到停止” 播放声音 meow 直到播放完毕 ：播放指定声音，声音没有播放完毕之前不运行下面的命令模块。

③“停止全部声音” 停止所有声音 ：停止正在播放的所有声音，不管现在播放的声音对象属于哪个角色。

④“将音量设定为……” 将音量设定为 100 和“将音量增加……” 将音量增加 -10 ：设置音量的大小，音量大小的范围是从 0 到 100 。

喵喵闹：好像没有办法停止指定的声音啊。

钛大师：同一个角色，只能同时播放一个声音；而别的角色的声音，你也不能通过这个命令来停止。所以，有这个命令模块就足够用了啊。

二、钛大师秘籍

声音对象和造型一样，也是属于角色或者舞台的。那么，怎样播放别的角色的声音呢？像控制别的角色造型一样，通过消息或者全局变量的功能来控制别的角色就可以了。

三、动手练习

要求：

制作律动打针的小游戏。

任务 1：利用素材和造型绘制功能制作耗子给猫打针的情景。

任务 2：喵喵闹的屁股出现在屏幕上。

任务 3：喵喵闹的屁股随机出现红点。

任务 4：按下“空格键”做出给猫打针的动作，如果这个时候正好打在“红点”的位置上就打针成功，发出成功的声音；如果没有打在“红点位置”，则发出痛苦的声音。

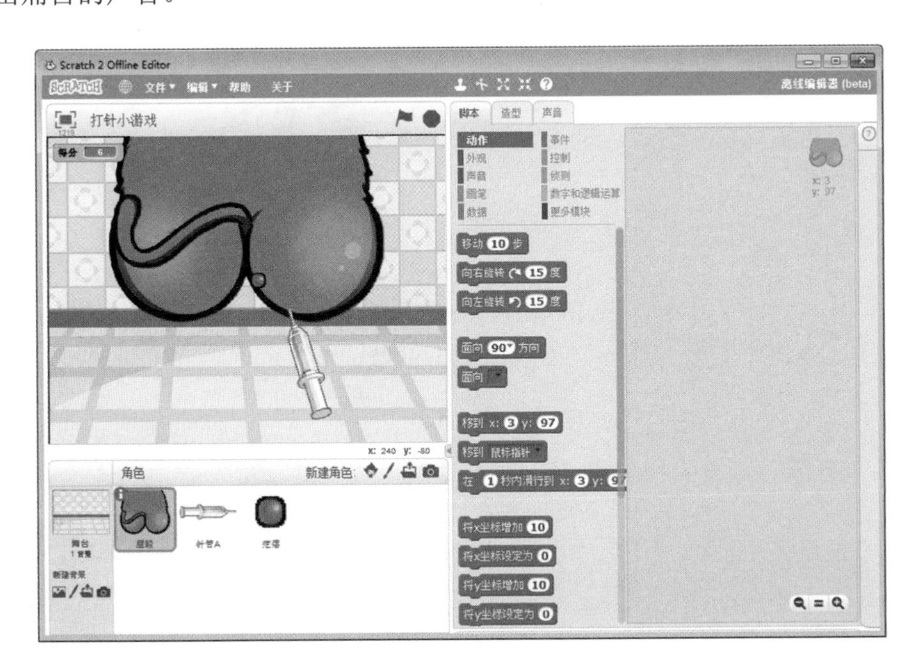

角色	造型	代码
		当 被点击 将 方向 设定为 1 移到 x: -164 y: -73 播放声音 背景音乐 重复执行 面向 屁股 如果 按键 空格键 是否按下？ 那么 将 比较 设定为 得分 重复执行 9 次 移动 7 步 将造型切换为 针管B 如果 比较 = 得分 那么 播放声音 尖叫声音 否则 播放声音 pop 重复执行 9 次 移动 -7 步 将造型切换为 针管A 否则 如果 方向 = 1 那么 将x坐标增加 10 否则 将x坐标增加 -10 当 被点击 重复执行 如果 方向 = 1 且 x座标 > 160 那么 将 方向 设定为 2 如果 方向 = 2 且 x座标 < -160 那么 将 方向 设定为 1

		当 被点击 将 得分 设定为 0 移到 x: 在 -70 到 70 间随机选一个数 y: 在 -10 到 10 间随机选一个数 重复执行 如果 碰到 针管A ? 那么 将变量 得分 的值增加 1 播放声音 气泡消失 重复执行 5 次 将 像素化 特效增加 25 隐藏 等待 在 0.5 到 3 间随机选一个数 秒 移到 x: 在 -70 到 70 间随机选一个数 y: 在 0 到 30 间随机选一个数 清除所有图形特效 显示

扫描二维码

查看演示步骤

Part 2

神奇的音乐疗法

★ 演奏声音 ★

★ 利用链表导入外部文件实现自动演奏 ★

一、钛大师课堂

钛大师：学习了一些基本的知识，现在我们可以趁机享受一下音乐了，咱们现在就用 Scratch 弹奏音乐，另外，Scratch 还可以实现点歌功能呦。

喵喵闹：我要听舒缓的音乐，你来给我敲鼓听？

1. 敲鼓

Scratch 可以使用命令模块演奏鼓声，命令模块播放鼓声指定的节拍数。该命令模块提供了 18 种不同的打击乐器，选择乐器只需要单击下拉菜单就可以直接选择。

弹奏鼓声 1▾ 0.25 拍

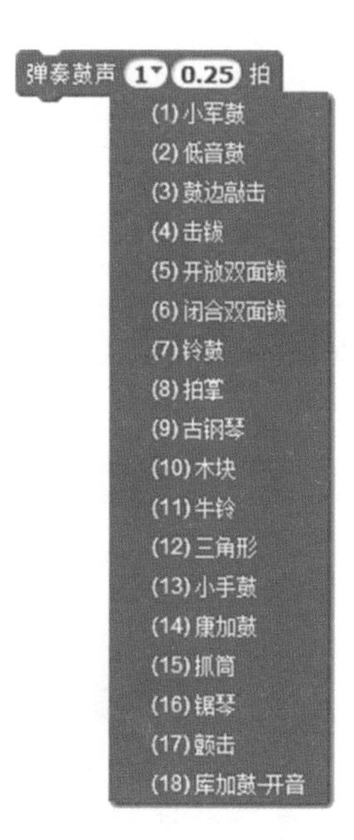

2. 演奏

刚才是演奏的打击乐，其实 Scratch 还可以演奏键盘乐和管弦乐！除了鼓声节拍之外，还有弹奏音符功能。

弹奏音符 60 0.5 拍

喵喵闹：音符？ Scratch 的打击乐只有节拍，有音符这个东西吗？

钛大师：弹奏音符以前，先要设定乐器，“设定乐器为……”命令模块支持 21 种乐器。

设定完乐器就可以弹奏音符了，这里有两个参数可以设置：一个音调、一个节拍。例如下面这张图就是“多来米发梭拉西”的脚本。

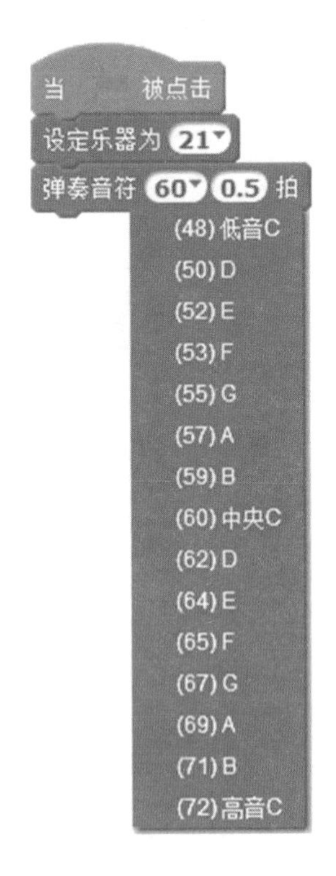

1̣	2̣	3̣	4̣	5̣	6̣	7̣
48	50	52	53	55	57	59
1	2	3	4	5	6	7
60	62	64	65	67	69	71
1̇	2̇	3̇	4̇	5̇	6̇	7̇
72	74	76	77	79	81	83

Scratch 音调和数值对应图表

3. 节奏

喵喵闹：我心情不好，你们就给我播放哀乐啊？来个欢快点的。

钛大师：把节奏放快就可以有欢快的感觉了。有了乐谱，可是怎么调整乐谱的速度呢？ Scratch 控制弹奏乐谱节奏的命令模块有 3 个。

①“将节奏设定为……” 将节奏设定为 60 bpm ：这里数值越大，节奏越快。

②“将节奏加快……” 将节奏加快 20 ：设置正数表示在节奏的数值上增加多少，设置负数为减少多少。

③“停止……拍” 停止 0.25 拍 ：直接停止演奏多少拍。

钛大师：知道了这些知识，你现在可以制作一台电子琴试试了。

喵喵闹：可是我弹琴确实不擅长啊，你还是教我怎么点歌吧！

钛大师：实现点歌要有两步。首先，利用链表导入乐谱；然后，利用问答实现点歌。

二、钛大师秘籍

秘籍 1：“拍”，指发出声音的时间长度。Scratch 的一拍和日常的一秒相同，也就是说，0.5 拍就相当于半秒钟。

秘籍 2：“bpm”，指在一分钟的时间段落之间，所发出的声音节拍的数量。这个数量的单位便是 bpm。

三、动手练习

要求：

制作歌曲点播器。

任务 1：利用链表的导入功能保存乐谱。

任务 2：可以播放链表里保存的乐谱。

任务 3：点击不同角色播放不同链表里的乐谱文件。

四、参考示例

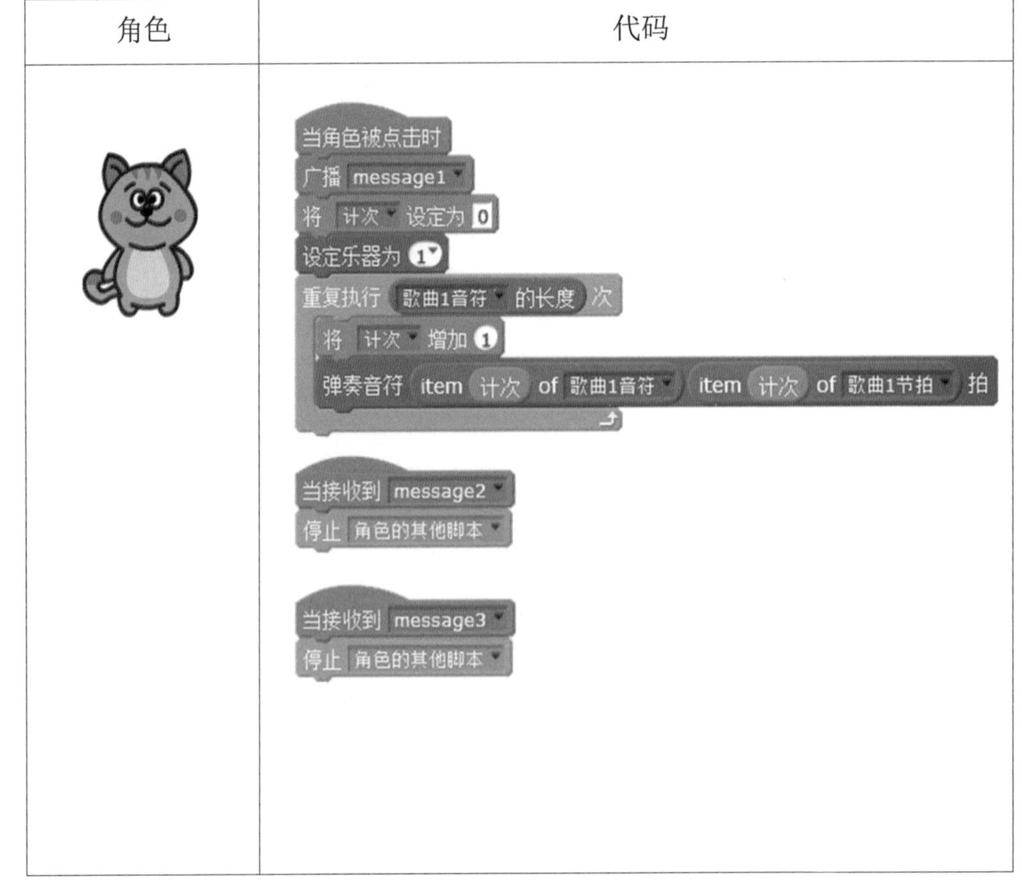

角色	代码
	当角色被点击时 广播 message1 将 计次 设定为 0 设定乐器为 1 重复执行 歌曲1音符 的长度 次 将 计次 增加 1 弹奏音符 item 计次 of 歌曲1音符 item 计次 of 歌曲1节拍 拍 当接收到 message2 停止 角色的其他脚本 当接收到 message3 停止 角色的其他脚本

	当角色被点击时 广播 message2 设定乐器为 3 将 计次 设定为 0 重复执行 歌曲2音符 的长度 次 将 计次 增加 1 弹奏音符 item 计次 of 歌曲2音符 item 计次 of 歌曲2节拍 拍 当接收到 message3 停止 角色的其他脚本 当接收到 message1 停止 角色的其他脚本
	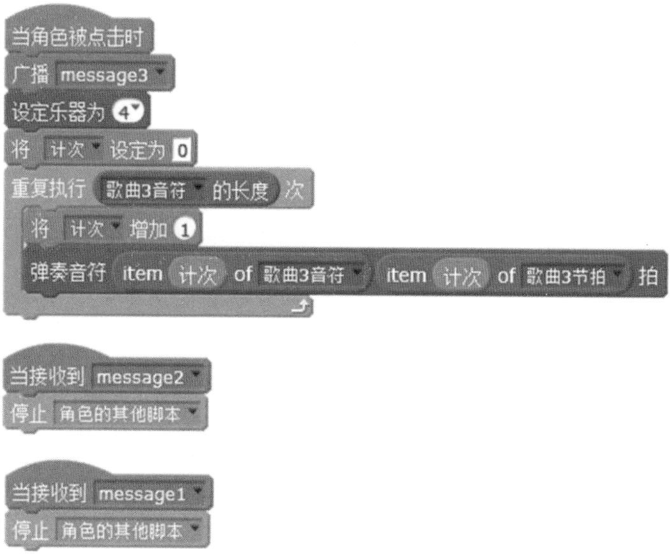 当角色被点击时 广播 message3 设定乐器为 4 将 计次 设定为 0 重复执行 歌曲3音符 的长度 次 将 计次 增加 1 弹奏音符 item 计次 of 歌曲3音符 item 计次 of 歌曲3节拍 拍 当接收到 message2 停止 角色的其他脚本 当接收到 message1 停止 角色的其他脚本

Scratch 程序里声音的两种基本方式

一种是波形的方式——“波形声音的采样数据”。大部分是通过声音录入设备录制的原始声音，直接记录了真实声音的采样数据。

一种是曲谱的方式——“计算机能理解的乐谱”。它用音符的数字控制信号来记录音乐。作为一种描述性的“音乐语言”，它将所要演奏的乐曲信息用字节进行描述。譬如在某一时刻，要用多大音量，使用什么乐器，以什么音符开始，以什么音调结束，加以什么伴奏，等等。这种方式本身并不包含波形数据，所以相对于波形方式比较小巧。几乎所有的现代音乐都是这种方式来制作合成的。

扫描二维码

查看演示步骤

DAY 7
第 七 天
在太空对决

八音盒医院在一阵轰鸣后，居然开始上升，它……飞上了天！原来魔王的八音盒本体是一艘飞船！还好有钛大师在，大家很快找到了驾驶室，控制了飞船的运转。很可惜，动作有点慢，魔王的喽啰们已经发现了飞船，他们围了上来。

Part 1

无穷无尽的小妖

★ 克隆自己 ★
★ 当作为克隆体启动时 ★
★ 删除克隆体 ★

一、钛大师课堂

飞船外面来了好多妖怪，不过不要怕，这艘八音盒飞船装备非常齐全，上面有威力巨大的武器来消灭它们！

钛大师：喵喵闹，你怎么不发射呢？

喵喵闹：这武器听起来好高端，可是钛大师，炮弹只有一颗了……

钛大师：这个事情有点尴尬，好吧，是时候使用一下克隆技术了！

在游戏开发中经常遇到这样的场景，你需要很多相同的角色，这些角色的造型、动作脚本完全相同，不同的仅仅是这些角色的位置。现在你该如何实现呢？只能先将角色的动作脚本、造型先设计好，再一个个去复制，需要多少个就复制多少个，然后这些角色都密密麻麻地排在角色面板上。但是，如果发现角色的脚本或者造型有问题需要修改一下，那只能一个个去修改，或者先将复制好的精灵删除，等修改好了之后再重新一个个地复制。

喵喵闹：好复杂呀。

钛大师：没关系，Scratch 提供了克隆模块，完全可以实现这些需求。

1. 克隆自己 克隆 自己

这个模块可以为指定角色创建新的克隆体角色，但这个克隆体角色并不算是一个全新的角色，而仅仅是一个克隆体而已。例如，其他的角色可以通过“碰到……”命令模块与被克隆的角色产生交互。

喵喵闹：也就是说，一个角色的脚本是碰到“喵喵闹”消失，那么它碰到“喵喵闹”的克隆体也会消失。

钛大师：是这样的。

2. 当作为克隆体启动时 当作为克隆体启动时

这是一个克隆体角色专属的事件，当一个克隆体角色被创建时，它就会自动启动，同时激发事件，相当于普通角色的“当绿旗被单击时”的效果。

喵喵闹：这么说，源角色的标志性代码就是“当作为克隆体启动时”，如果不进行克隆，这个事情是不会被触发的。

3. 删除本克隆体 删除本克隆体

当克隆体角色运行完毕，我们不再需要它的时候，可以使用“删除本克隆体”命令模块将自身删除。

喵喵闹：当然，不删也是可以的，对吧？

钛大师：想一想，克隆跟图章有什么区别呢？图章复制的只是本体的一个印记，是静止的，我们是无法对图章复制出的图像编写脚本的；而克隆出的新个体是有自己的行为动作的，类似于一个单独的角色，我们可以对克隆出的新个体编写脚本！

二、钛大师秘籍

克隆能够使用多少次呢？其实不是无限次的。为了避免无限制创建克隆体将系统资源耗尽，目前限制只能克隆 300 次。只要你记得删除，一般来说绝对够用了。

三、动手练习

要求：

制作“太空大决战”小游戏。

任务 1：方向键可以控制飞船的移动。

任务 2：按下空格键飞船可以发射炮弹。

任务 3：太空中随机出现 1 到 2 个小魔头。

任务 4：小魔头撞到炮弹自己消失，撞到八音盒飞船，飞船爆炸。

四、参考示例

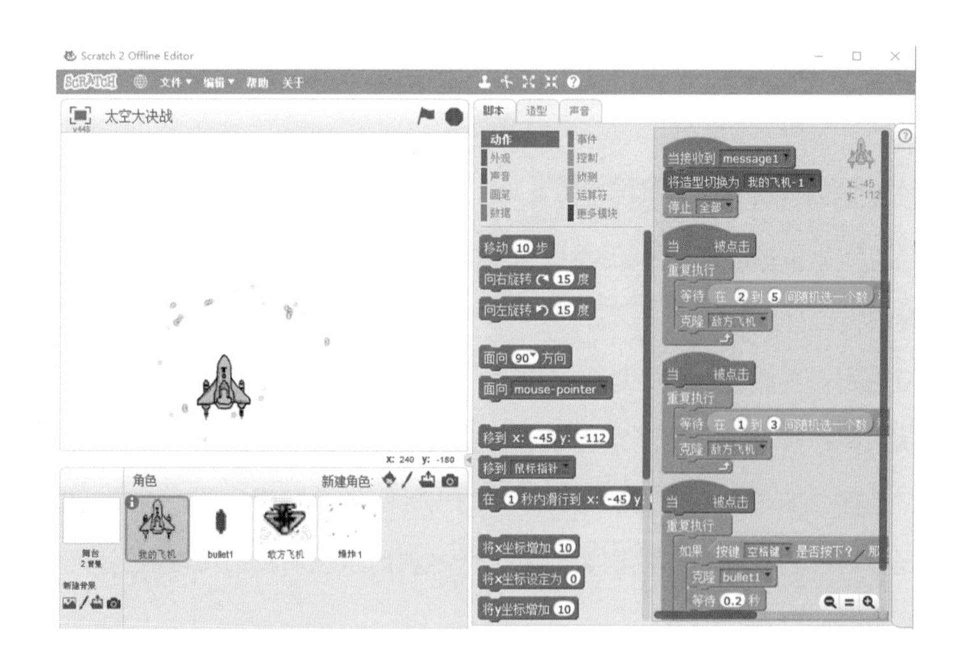

角色	代码
	当 被点击 重复执行 　如果 按键 右移键 是否按下? 那么 　　将x坐标增加 10 　如果 按键 左移键 是否按下? 那么 　　将x坐标增加 -10 　如果 按键 上移键 是否按下? 那么 　　将y坐标增加 10 　如果 按键 下移键 是否按下? 那么 　　将y坐标增加 -10 当接收到 message1 将造型切换为 我的飞机-1 停止 全部 当 被点击 重复执行 　等待 在 2 到 5 间随机选一个数 秒 　克隆 敌方飞机 当 被点击 重复执行 　等待 在 1 到 3 间随机选一个数 秒 　克隆 敌方飞机 当 被点击 重复执行 　如果 按键 空格键 是否按下? 那么 　　克隆 bullet1 　　等待 0.2 秒

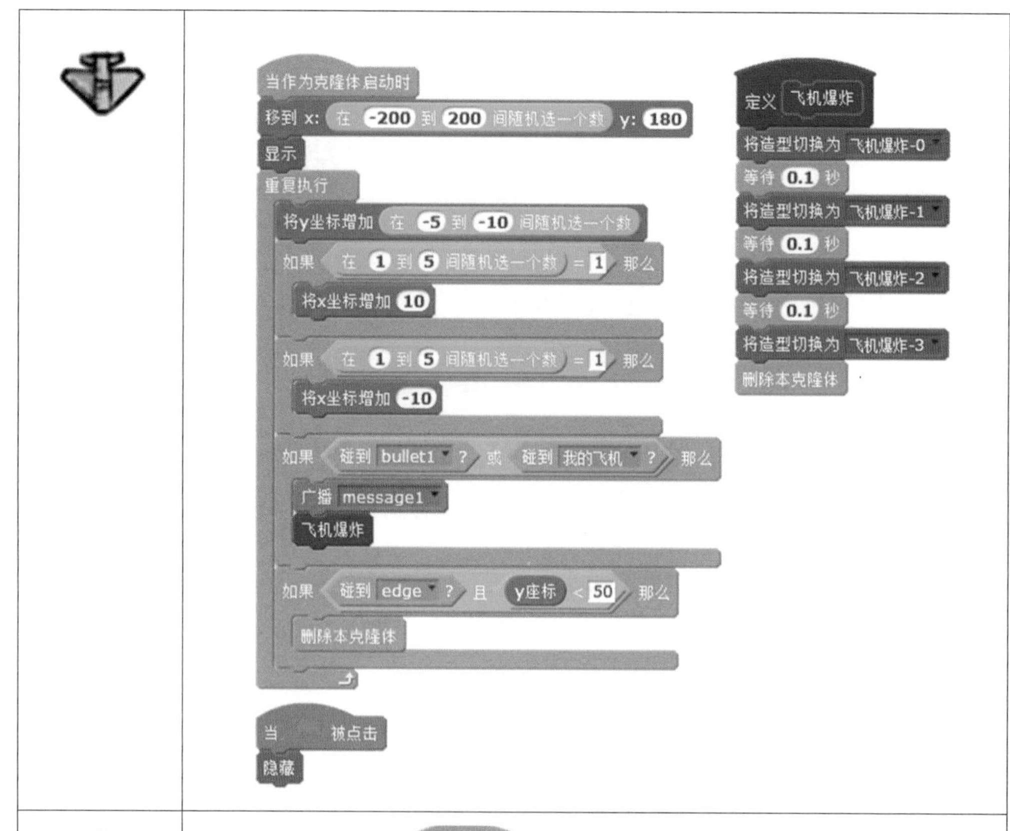


```
当作为克隆体启动时
隐藏
移到 我的飞机
显示
重复执行
    将y坐标增加 10
    如果 碰到 敌方飞机 ? 那么
        下一个造型
        等待 0.1 秒
        下一个造型
        等待 0.1 秒
        删除本克隆体
    如果 碰到 edge ? 那么
        删除本克隆体

当 被点击
隐藏
```

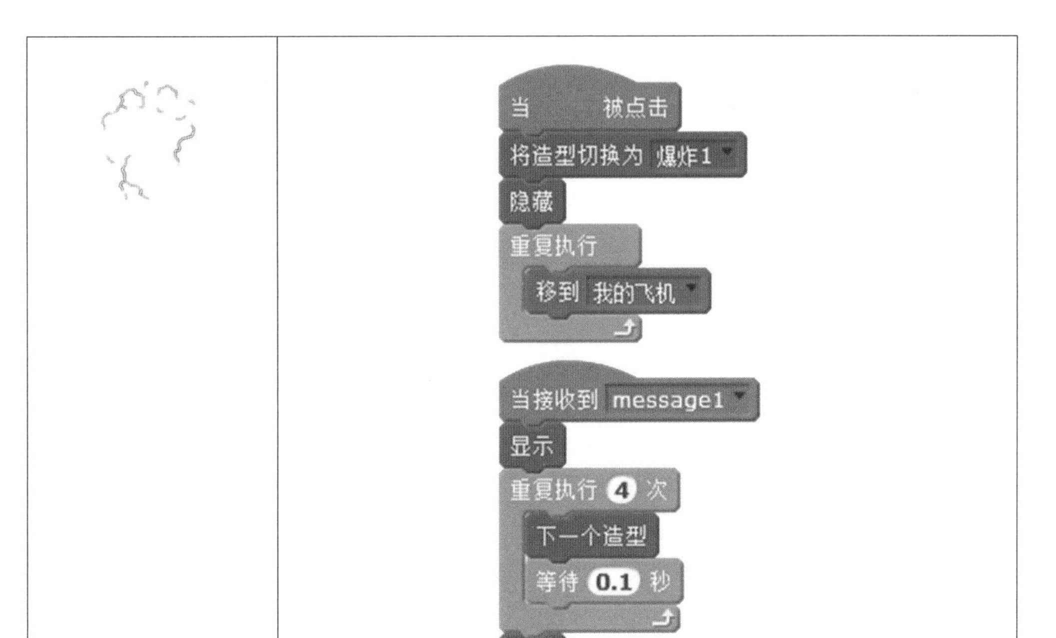

扫描二维码

查看演示步骤

Part 2

进击魔王的巢穴

★ 为程序计时 ★

★ 将计时器清零 ★

★ 显示当前时间 ★

★ 2000 年之后的天数 ★

一、钛大师课堂

有了克隆技术，消灭那些小喽啰还是很轻松的。但是魔王愤怒了，那只抓走公主的大手又出现了，但这次它不是要抓走谁，而是像拍苍蝇一样攻击我们。不过你不用担心，魔王使用这种法术是非常耗费法力的，它坚持不了多久。

喵喵闹：坚持不了多久是多久？我觉得我坚持一分钟都够呛。

钛大师：有点时间观念嘛！看来我要讲解一下计时器了。先讲一下 Scratch 里的时间模块：

1. 计时器 计时器

Scratch 内建的计时器，是记录程序运行时间的命令模块，看到命令模块左边的方框就知道，这个数值可以显示在舞台上。计时器是以秒为单位计时的，默认从你运行程序时开始计算。

喵喵闹：居然以 0.1 秒的数值累积，好精确！

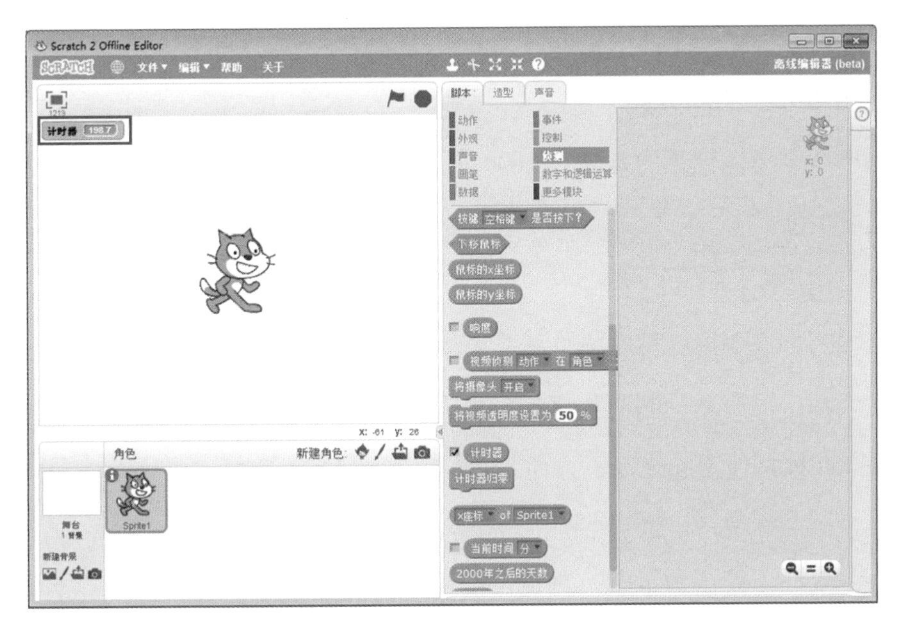

2. 计时器归零 计时器归零

只能记录程序运行时间的话，使用起来太不方便了。所以 Scratch 允许将计时器清零，方便大家的使用。例如我现在需要计时 5 秒，就可以先将计时器清零，然后判断计时器的数值是不是大于 5，来完成我想实现的效果。

3. 当前时间 当前时间 分

当前时间也是一个可以显示在舞台上的数值模块，但这个模块参数比较多，年、月、日、星期、时、分、秒都包括在内。咱们提供的素材里有时针、分针、秒针的素材，你能让这些素材显示出当前时间吗？

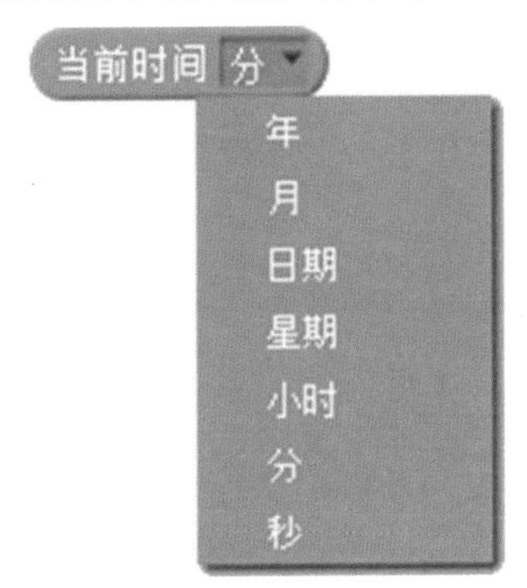

喵喵闹：那还不简单，直接旋转到当前时间就好了。

钛大师：哈哈，你这样做最多旋转 60 度！

喵喵闹：好像真是啊，那怎么办？

钛大师：思考一下，一秒或者一分指针要旋转多少度呢？

4. 2000 年之后的天数

这个命令模块记录的是公元 2000 年之后的天数，以“天”为单位，显示到小数点后 1 位。

2000年之后的天数

喵喵闹：这个很容易理解，可是我什么时候能用到它呢？

钛大师：很简单，判断程序运行了几天的时候用啊。要用计时器的话，一天有 86400 秒，使用起来多不方便。

喵喵闹：好吧，可这个真的用得上吗？

钛大师：当然用得上啊，例如，利用上面的知识咱们可以制作一个钟表，下面是参考代码。

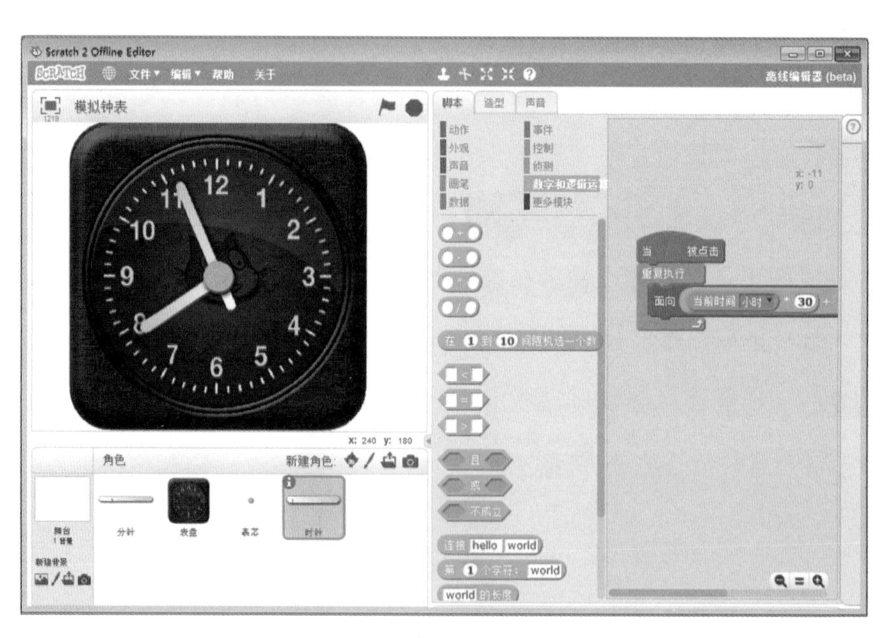

钟表效果

角色	代码
	当 被点击 重复执行 面向 ((当前时间 小时) * 30) + ((当前时间 分) * 0.5) 方向
	当 被点击 重复执行 面向 ((当前时间 分) * 6) 方向

二、钛大师秘籍

通常游戏都有时间限制，实现这个功能一般就是计时器在起作用。指针样式的时钟做完以后，可以思考一下数字样式的时钟应该怎么做？

三、动手练习

要求：

制作“躲避魔爪”小游戏。

任务 1：魔王的大手每 2、3 秒钟就会从天而降。

任务 2：魔王的大手随飞船的挪动而挪动。

任务 3：魔王砸到飞船，游戏失败。

任务 4：60 秒内魔王砸不到飞船，游戏胜利！

四、参考示例

Scratch 2 Offline Editor
躲避大魔王
脚本 造型 声音

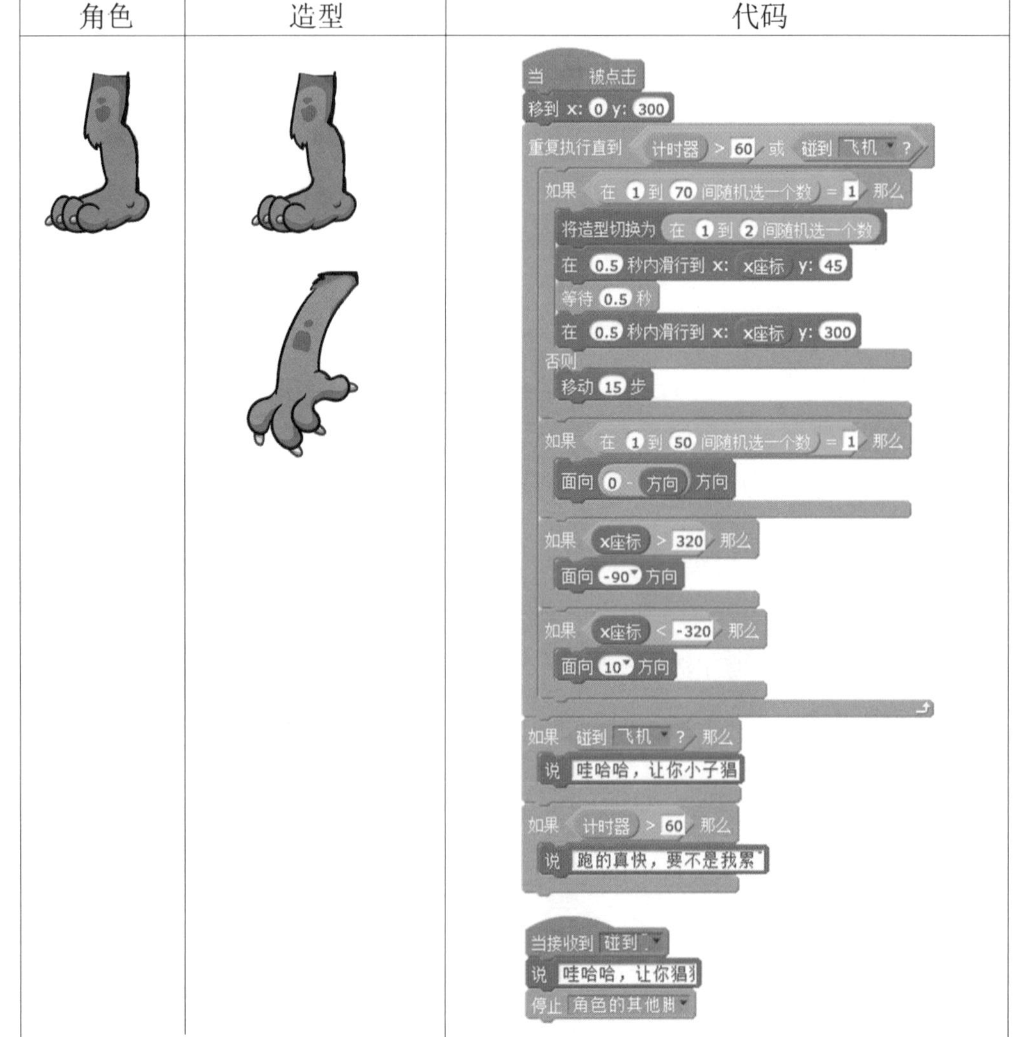
角色
造型
代码
当 被点击
移到 x: 0 y: 300
重复执行直到 计时器 > 60 或 碰到 飞机 ?
如果 在 1 到 70 间随机选一个数 = 1 那么
将造型切换为 在 1 到 2 间随机选一个数
在 0.5 秒内滑行到 x: x座标 y: 45
等待 0.5 秒
在 0.5 秒内滑行到 x: x座标 y: 300
否则
移动 15 步
如果 在 1 到 50 间随机选一个数 = 1 那么
面向 0 - 方向 方向
如果 x座标 > 320 那么
面向 -90 方向
如果 x座标 < -320 那么
面向 10 方向
如果 碰到 飞机 ? 那么
说 哇哈哈，让你小子猖
如果 计时器 > 60 那么
说 跑的真快，要不是我累
当接收到 碰到
说 哇哈哈，让你猖
停止 角色的其他脚

	   	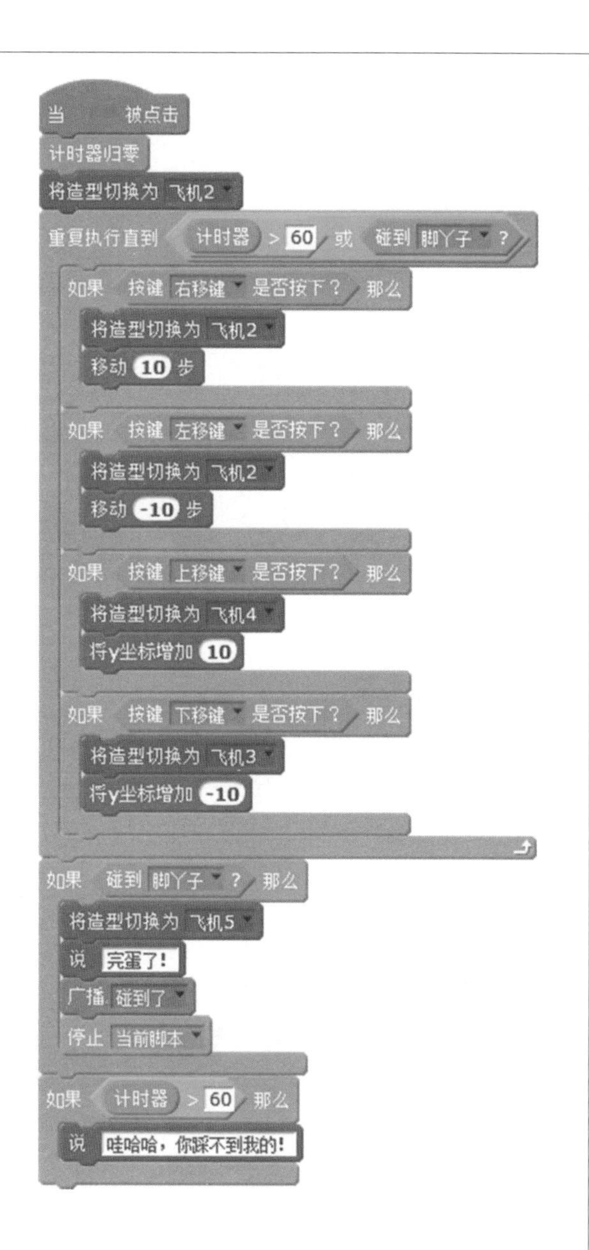当 被点击 计时器归零 将造型切换为 飞机2 重复执行直到 计时器 > 60 或 碰到 脚丫子 ? 如果 按键 右移键 是否按下？ 那么 将造型切换为 飞机2 移动 10 步 如果 按键 左移键 是否按下？ 那么 将造型切换为 飞机2 移动 -10 步 如果 按键 上移键 是否按下？ 那么 将造型切换为 飞机4 将y坐标增加 10 如果 按键 下移键 是否按下？ 那么 将造型切换为 飞机3 将y坐标增加 -10 如果 碰到 脚丫子 ? 那么 将造型切换为 飞机5 说 完蛋了！ 广播 碰到了 停止 当前脚本 如果 计时器 > 60 那么 说 哇哈哈，你踩不到我的！

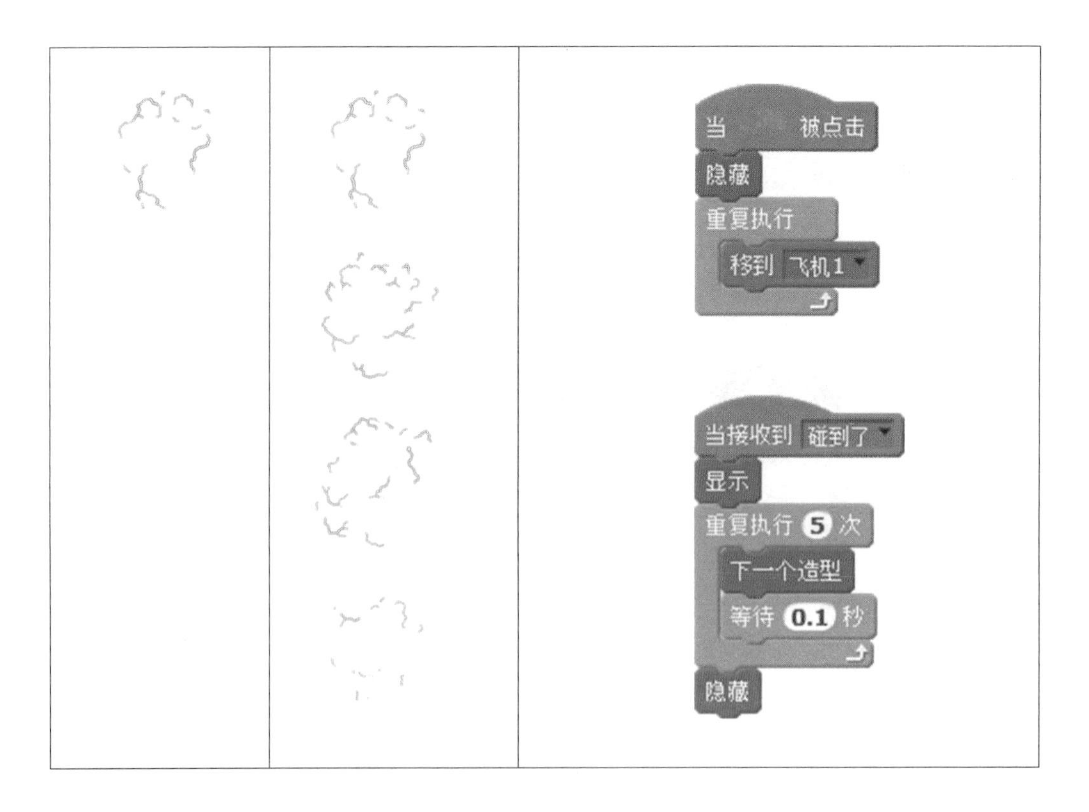

扫描二维码

查看演示步骤

DAY 8
第八天
地球之帮助

我们的英雄在太空消灭了魔王的小喽啰们，并在魔王暴怒以前开始返航。虽然喵喵闹它们尽力躲开了魔王的攻击，但是飞船依然受损严重，已经失去控制。更糟糕的是，飞船前面就是宇宙中的陨石风暴！如果没有动力，飞船随时会被风暴卷走。天哪！英雄们还能顺利找到公主、平安返回喵星吗？

Part 1

来自地球的呐喊

★ 响度 ★

一、钛大师课堂

钛大师：别怕，我的祈祷不是在心里默念，而是把求救信号“SOS”发送到宇宙的各个角落。

喵喵闹：发送？你还有这功能？

钛大师：这番努力没有白费，在距离喵星很远的地球上，有人听到了。但是，地球人唯一能做的就是将声音传过来，别的什么也做不了。

喵喵闹：那接下来，我们要如何运用 Scratch 解救自己？

钛大师：Scratch 除了使用键盘鼠标和用户沟通之外，还可以使用麦克风和摄像头。在声音能传过来的情况下，我们使用麦克风的数据来控制飞船就可以让我们顺利通过风暴，并且完美着陆。

响度 响度

在 Scratch 当中，通过“响度”命令模块来获得外部声音的响度，在使用这个命令模块的时候，首先要保证电脑上有麦克风，并且已经打开，否则这个数据将始终是零。响度的范围是 0~100，在应用时把响度看作一个 0 到 100 的动态数据就可以了。例如，制作一个简单的噪声探测仪，首先确定指针的角度范围，

然后把噪声指针和响度按角度比例动态绑定即可。

喵喵闹：指针这个我会了，可是那种噪声示波器应该怎么做？

钛大师：噪声示波器的原理与指针一样，我给你提示一下，这里需要使用绘图模块来制作，并且需要两个循环，你能想到吗？

二、钛大师秘籍

思考一下，声音标签下的“音量”命令模块和“响度”命令模块，都是判断音量的，可有什么不同呢？比较遗憾的是，Scratch 只能侦测麦克风的响度数据，对于你说的内容它完全判断不了，不过通常情况下已经够用了。

三、动手练习

要求：

制作“逃离魔王巢穴”小游戏。

任务 1：驾驶失控的飞船在空中行驶。

任务 2：通过麦克风大喊给飞船补充能量。

任务 3：飞船的速度跟声音大小成正比。

四、参考示例

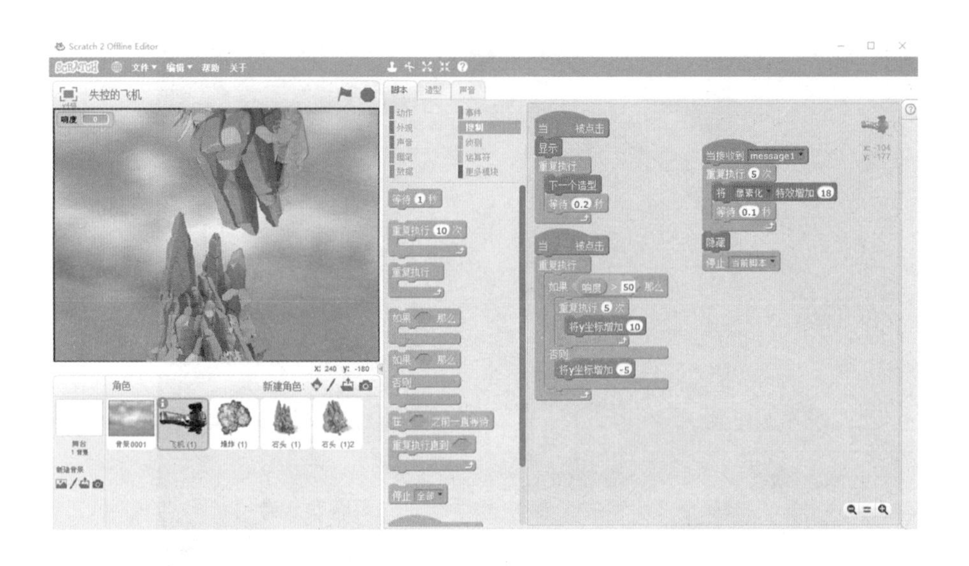

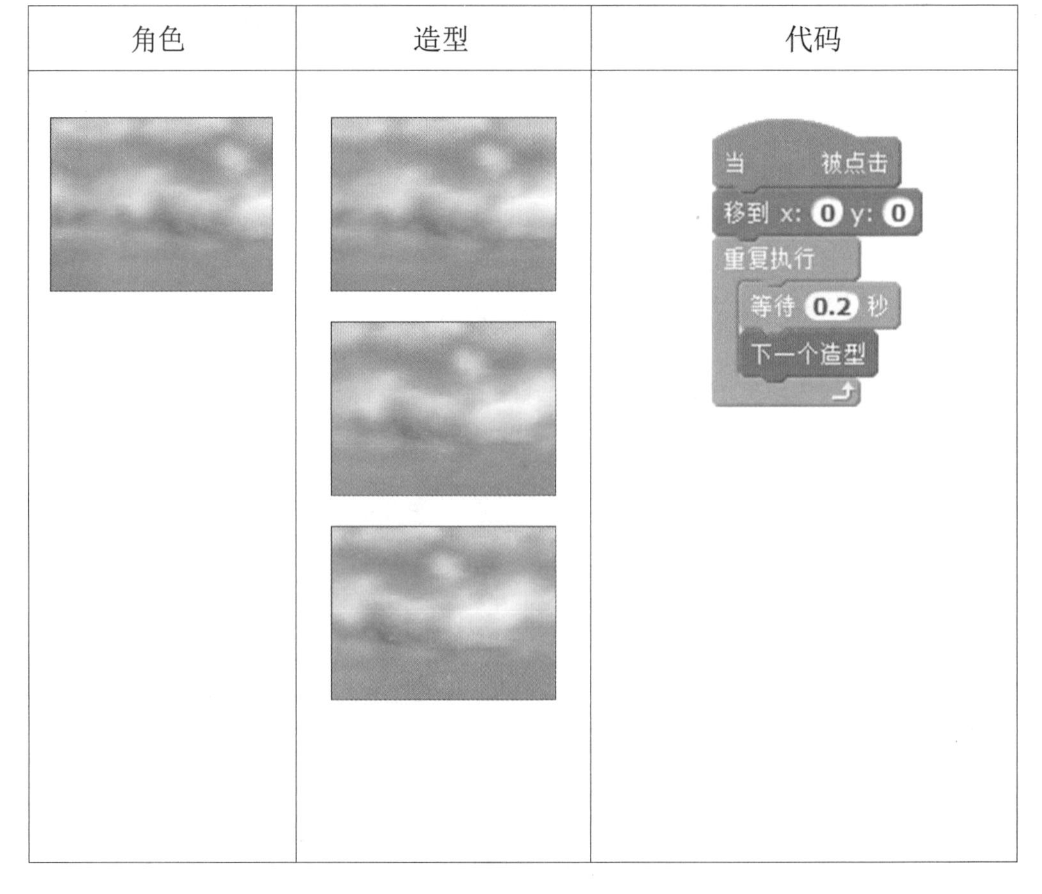

角色	造型	代码
		当 被点击 移到 x: 0 y: 0 重复执行 等待 0.2 秒 下一个造型

	   	当 被点击 显示 重复执行 下一个造型 等待 0.2 秒 当 被点击 重复执行 如果 响度 > 50 那么 重复执行 5 次 将y坐标增加 10 否则 将y坐标增加 -5 当接收到 message1 重复执行 5 次 将 像素化 特效增加 18 等待 0.1 秒 隐藏 停止 当前脚本

	 	当 被点击 隐藏 等待 2 秒 将造型切换为 在 1 到 10 间随机选一个数 显示 移到 x: 220 y: 在 140 到 180 间随机选一个数 重复执行 　移至最上层 　显示 　重复执行直到 x坐标 < -219 　　将x坐标增加 -3 　　如果 碰到 飞机 (1) ? 那么 　　　广播 message1 　　　停止 当前脚本 　隐藏 　移到 x: 220 y: 在 140 到 180 间随机选一个数 当接收到 message1 等待 2 秒 停止 全部

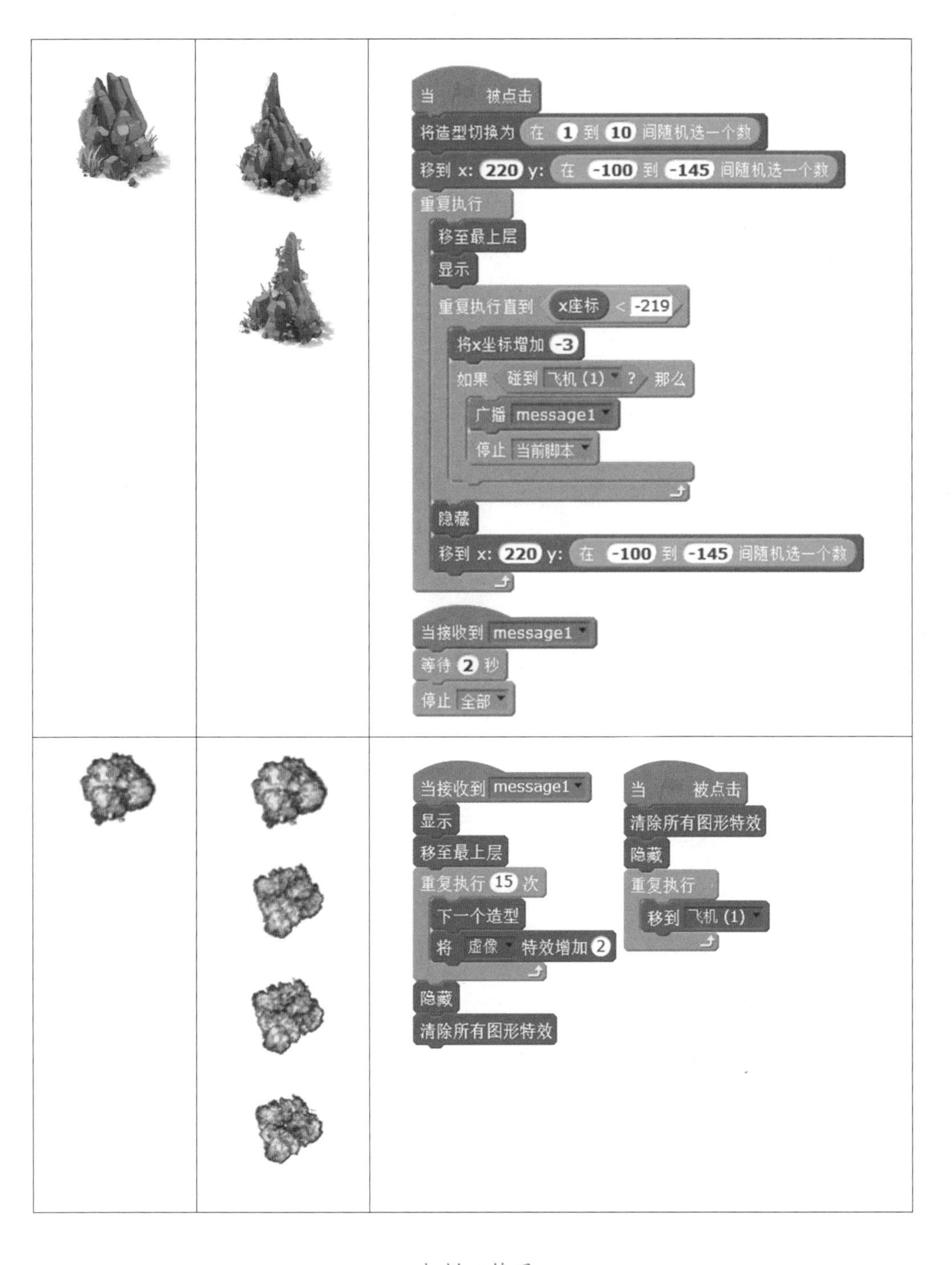

扫描二维码

查看演示步骤

Part 2

神啊，救救我们吧

★ 开启摄像头 ★

★ 设置摄像头画面的透明度 ★

★ 与摄像头进行互动 ★

一、钛大师课堂

来自地球的能量非常好用，在地球人的帮助下，英雄们顺利通过了陨石风暴。Scratch 可以利用摄像头来做很多事情，例如，它可以感知用户在摄像头前移动的速度和方向，这次咱们利用这些功能来控制飞船的飞行着陆。

有三个命令模块是和摄像头控制功能相关的：

1. 将摄像头开启 将摄像头 开启

在使用摄像头控制功能之前，首先要使用这个命令模块把摄像头打开。使用结束以后，也要用这个命令模块把摄像头关闭。

喵喵闹：这个还用说！不打开怎么用？

钛大师：但需要注意的是，这个命令模块还有一个参数，就是“以左右翻转模式开启”。

2. 将视频透明度设置为 将视频透明度设置为 50 %

开启摄像头后，舞台上默认是可以看到摄像头画面的。但如果想设置摄像头的画面透明度，或者完全看不到摄像头画面的话，就需要使用这个命令模块来设置。透明度为 0 时，摄像头画面正常，透明度为 100% 时，摄像头画面完全空白，看不到画面。

喵喵闹：仔细想想这个功能还真有用呢！测试的时候使用半透明或者不透明，方便自己看到画面。游戏完成了，让别人玩的时候就可以把视频设置为完全空白。

3. 视频侦测……在……上 视频侦测 动作 在 角色 上

这是摄像头控制功能的主要命令模块，想得到摄像头侦测到的数据就用这个模块。此命令模块返回的是一个数字，表示移动的大小。摄像头通过这个命令模块判断是否有物体在视频画面中移动。但是很多时候需要自己再判断一下，例如，是不是当这个数值大于 10 的时候，才判断移动是否成立，这个时候再让程序去响应比较准确。

喵喵闹：与判断响度一样，我明明没有说话，响度返回的值也不是 0。是不是我明明感觉自己没动，摄像头也会返回一些数值给程序呢？

钛大师：喵喵闹很聪明，但到底是不是这样，可以自己试一下。

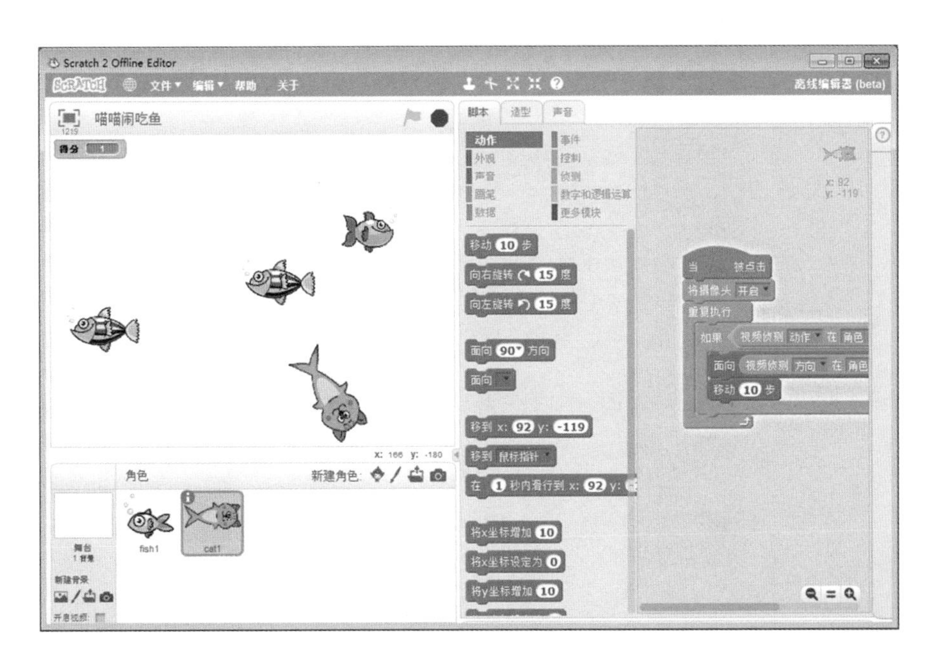

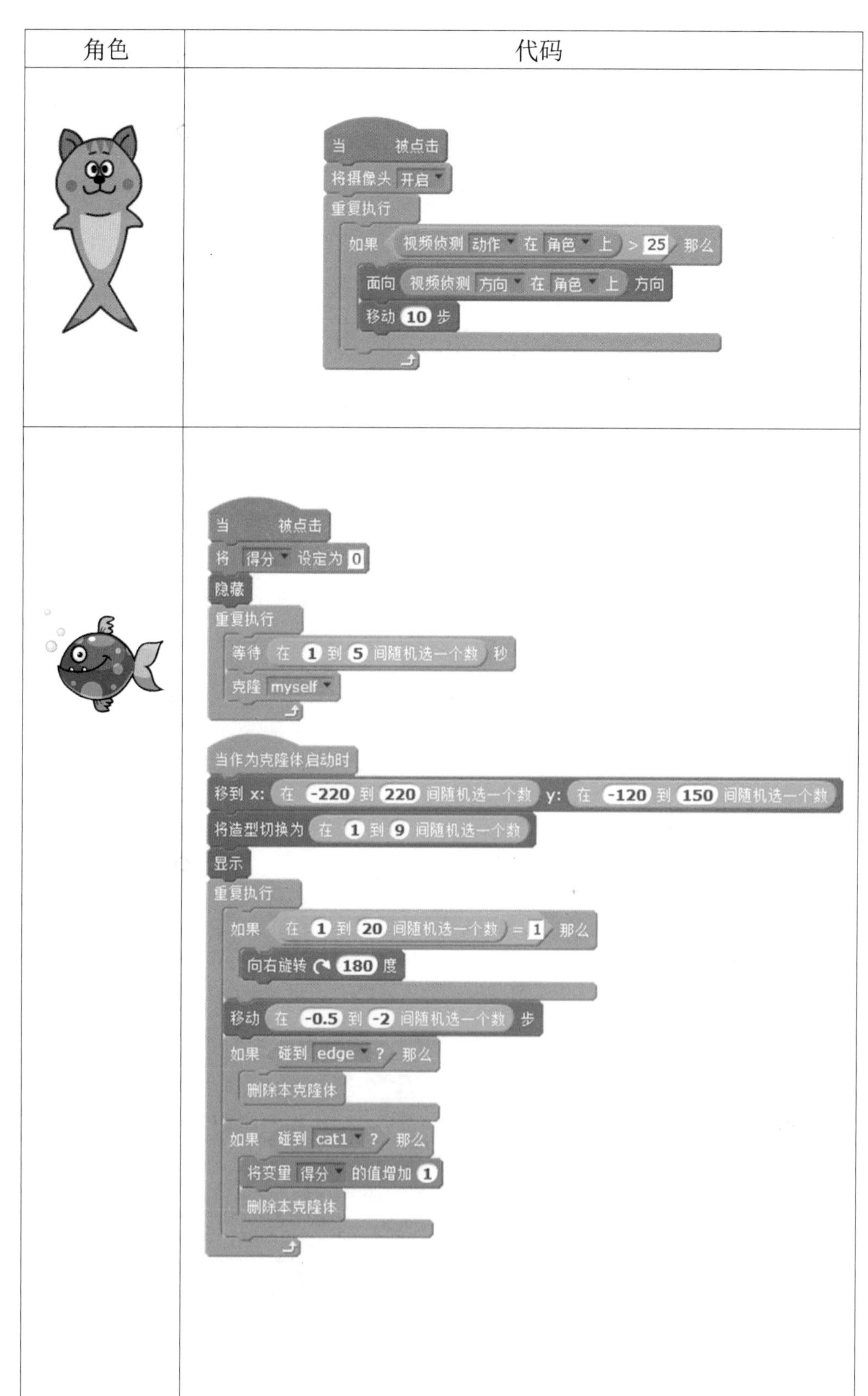

角色	代码
	当 被点击 将摄像头 开启 重复执行 如果 视频侦测 动作 在 角色 上 > 25 那么 面向 视频侦测 方向 在 角色 上 方向 移动 10 步
	当 被点击 将 得分 设定为 0 隐藏 重复执行 等待 在 1 到 5 间随机选一个数 秒 克隆 myself 当作为克隆体启动时 移到 x: 在 -220 到 220 间随机选一个数 y: 在 -120 到 150 间随机选一个数 将造型切换为 在 1 到 9 间随机选一个数 显示 重复执行 如果 在 1 到 20 间随机选一个数 = 1 那么 向右旋转 180 度 移动 在 -0.5 到 -2 间随机选一个数 步 如果 碰到 edge ? 那么 删除本克隆体 如果 碰到 cat1 ? 那么 将变量 得分 的值增加 1 删除本克隆体

二、钛大师秘籍

家用摄像头的灵敏度一般不能和 Kinect 之类专业的体感摄像头相比，所以能做的事情也有限。很多时候大家会遇到动作响应不准确的情况。我建议使用纯色物体（例如颜色鲜艳的手工纸片）在摄像头前面运动，这样 Scratch 的响应会比较准确。

三、动手练习

要求：

制作“体感坦克车”小游戏。

任务 1：用摄像头驾驶坦克车在地面行驶。

任务 2：若坦克车碰到心形物体，则得分。

任务 3：若坦克车碰到骷髅形状物体，则减分。

四、参考示例

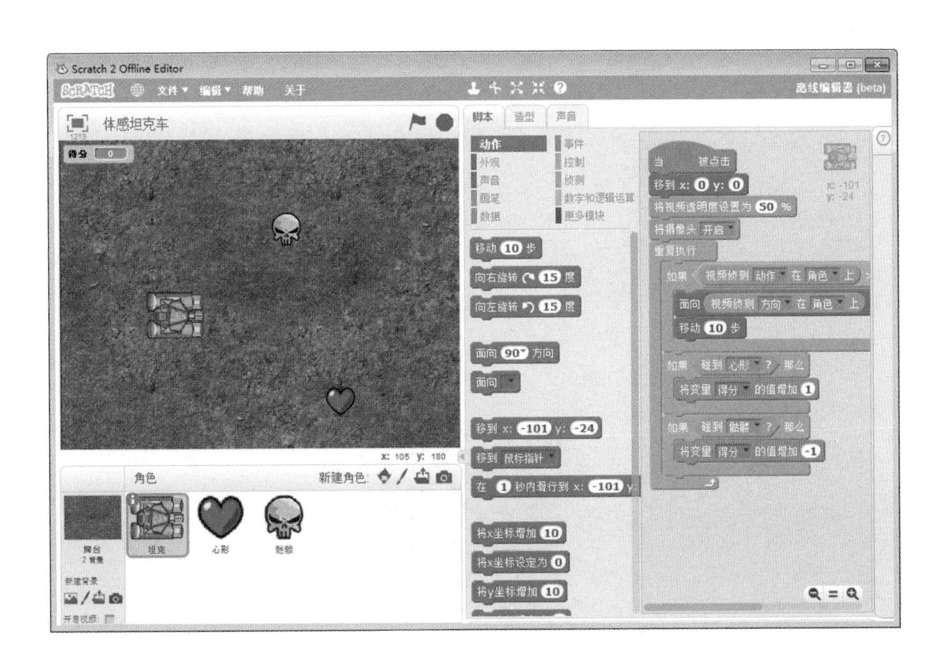

角色	代码
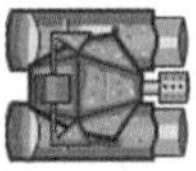	当 被点击 移到 x: 0 y: 0 将视频透明度设置为 50 % 将摄像头 开启 重复执行 　如果 视频侦测 动作 在 角色 上 > 25 那么 　　面向 视频侦测 方向 在 角色 上 方向 　　移动 10 步 　如果 碰到 心形 ? 那么 　　将变量 得分 的值增加 1 　如果 碰到 骷髅 ? 那么 　　将变量 得分 的值增加 -1
	当 被点击 显示 重复执行 　移到 x: 在 -240 到 240 间随机选一个数 y: 在 -180 到 180 间随机选一个数 　显示 　在 碰到 坦克 ? 之前一直等待 　隐藏 　等待 1 秒
	当 被点击 显示 重复执行 　移到 x: 在 -240 到 240 间随机选一个数 y: 在 -180 到 180 间随机选一个数 　显示 　在 碰到 坦克 ? 之前一直等待 　隐藏 　等待 1 秒

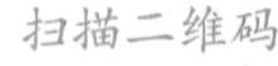

查看演示步骤

DAY 9
第 九 天
故事终章

魔王觉得非常伤心，它绑架公主只是因为无聊而已，并非要惹怒喵星人。但是自己一家子被灭了个干净。魔王真的生气了，它提出了条件，如果喵喵闹能制作一款好玩的游戏，让它打发时间，它立马放公主走。

Part 1

制作战前指挥图

★ 了解游戏开发的流程 ★

★ 常见的游戏类型 ★

一、钛大师课堂

到目前为止，Scratch 的功能，我们已经掌握了绝大部分。一些简单的小游戏从道理上来说是难不住我们的。然而，如果现在让你设计制作一个游戏，你还是会感觉无从下手。

钛大师：这是为什么呢？

喵喵闹：多简单，因为你没说怎么做啊。

钛大师：现在教给你如何制作一款游戏。

1. 策划

也许有一天，你会脑门一热，要做一款游戏！那么问题来了，首先你得想清楚，这是一款什么类型的游戏？是足球游戏还是空战游戏？

喵喵闹：我还真不知道游戏有什么类型好分呢。

钛大师：简单分一下，主要有六类。

①动作 /ACT 游戏。

动作游戏（Action game）：可以说是最常见的游戏类型，一般是玩家控制游戏人物，用各种武器消灭敌人后过关的游戏，不追求故事情节，例如大家比较熟悉的《超级玛丽》系列游戏。另外，平常的射击游戏（STG）、格斗游戏（FTG）都可以归为此类。

②冒险 /AVG 游戏。

冒险游戏（Adventure game）：大部分是由玩家控制游戏人物进行虚拟冒险的游戏，相对动作游戏来说比较看重情节。其故事情节往往是以完成某个任务或是解开一个谜题的形式出现的。它并没有提供战术策略上的与敌方对抗的操纵过程，取而代之的是由玩家控制角色而产生一个交互性的故事，而且在游戏过程中刻意强调谜题的重要性。如《古墓丽影》系列游戏。

③模拟 /SLG 游戏。

模拟游戏（Simulation game）：试图去复制“现实”生活的各种形式，达到“训练”玩家的目的，如提高熟练度、分析情况或预测。不同仿真程度的模拟游戏有不同的功能，较高的仿真度可以用于专业知识的训练；较低的可以作为娱乐手段。策略游戏、即时战略游戏、仿真训练游戏都属于此类。模拟游戏的代表作是日本光荣公司的《三国志》系列游戏。

④角色扮演 /RPG 游戏。

角色扮演（Role-playing game）：角色扮演游戏是由玩家扮演游戏中的一个或数个角色，有完整的故事情节的游戏。有人可能会与冒险类游戏混淆，其实区分很简单，RPG 游戏更强调的是剧情发展和个人体验。这种游戏名声最大的应该是《仙剑奇侠传》系列和《最终幻想》系列。另外，你能见到的大部分网络游戏，都属于此类，一般称作“大型多人在线角色扮演游戏”（MMORPG），玩家需要扮演一个虚构角色，并在线控制该角色的许多活动。

⑤休闲益智 /PZL 游戏。

休闲益智（Puzzle game）：Puzzle 的原意是指用来培养儿童智力的拼图游戏，后来引申为各类有趣的益智游戏，总的来说比较适合休闲，最经典的应该是《俄罗斯方块》。桌面游戏（Table game）、卡片游戏（Card game）和音乐游戏（Music game）也可以归为此类。例如《大富翁》系列就是桌面游戏的代表作。

⑥体育 /SPG 游戏。

体育游戏（Sports games）：模拟各种体育赛事的游戏，常见的足球、篮球、网球等等。比如《实况足球》。

钛大师：如果详细分下去，那么每种都会有几十种分支和交叉，形成一个庞大的“游戏类型树”。我要不要画给你看看？

喵喵闹：停！我觉得已经够了，这些怎么比 Scratch 还复杂？

钛大师：策划这个阶段不仅仅需要决定自己要制作的游戏类型（那只是确定了一个游戏形式而已），还要把整个游戏的时代背景等问题想清楚。

喵喵闹：我觉得我已经听晕了。

钛大师：也没你想得那么复杂，一会儿我做给你看。

2. 美术设计

在游戏当中你所看到的一切东西都属于美术这个分支，其中包括地形、建筑、植物、人物、动物、动画、特效、界面等。

①角色。

游戏肯定有主角，主角的形象、动作，包括在游戏中的各种表情，都得有相应的造型。

②场景。

故事发生在什么地方？是荒郊野外还是城市？是房子里还是外面？背景就需要交代清楚。个别时候，季节和天气也要注意到。

③特效。

子弹爆炸、主角死亡、受到攻击，这是真正提升游戏品质的地方。想提升，就不能偷懒，每个特效都要画好多造型。

④界面。

再简单的游戏也要有个界面，例如游戏开始是什么样的？结束又是什么样的？得分放在哪里？这些都要在这个阶段画出来。

钛大师：怎么样，东西不少吧？

喵喵闹：我觉得东西多并不算难，难的是画得漂亮。

3. 音效

没有音乐的游戏不完整，很多时候，离开声音，气氛就出不来。

①背景音乐。

首先考虑好风格，需要和游戏做好搭配。然后考虑音乐的气氛，什么时候需要轻松、欢快或紧张的音乐，有些时候要求更高，要求通过一些特殊的声音，来展现特定的剧情或创意。

②个别声效。

丰富游戏内容必不可少的一些音效，例如子弹发射的声音、爆炸的声音、按钮点击的声音等等。

③主题曲等。

专门为游戏写首歌作为主题曲，常见于市面上的游戏大作。Scratch 开发的游戏一般还用不着。但是，如果你乐意写首歌，使用 Scratch 做个 MV 似乎也不错。

喵喵闹：有种东西叫音效素材库，我觉得用得上。

4. 程序

万事俱备了，到这里就可以开始写代码了，这是我们一直在学习的知识。有几点需要注意一下：

①规划结构。

在写代码之前，一定要想清楚策划阶段做的工作，很多时候实现同一个功能，有 N 种不同的写法，从中选择一个最优的并不是件容易事儿，把很多功能组合到一起就更不容易了。

②代码实现。

代码尽量简洁，在保证容易读懂的情况下，尽量简洁一点没坏处。特别是同一段代码，可以写在不同角色上的时候，要清楚代码写在哪里更合理。写得复杂的地方，注意加上注释。

5. 测试

在电脑系统或程序中，隐藏着一些未被发现的缺陷或问题，这些问题统称为 BUG，直译是臭虫。什么叫吹牛呢？就是程序员拍着胸脯说，我写的代码从没有 BUG。

①找 BUG。

永远不要幻想自己创作的游戏一点问题没有。特别是在 Scratch 的环境下，由于是拖拽式的编程操作，语法和命令大多不会出现问题，只要出现问题，一般就是作者设计不合理。因为单步操作非常不方便，所以在 Scratch 里找 BUG 的话，就是不断地试错。

②修改。

发现了问题一定要改，这里一定要谨慎。很多时候 Scratch 使用了复制命令以后，角色上面的代码都是双份的。模块相互遮挡，导致在你修改以后，新的命令模块并没有起作用或者使问题变得更加复杂，这都是家常便饭。

6. 升级

游戏做出来就万事大吉了吗？肯定不是的，也许别人会发现问题，也许你自己会有新的想法，例如给飞机加上一点不同的子弹，或者更新关卡，都是可以的。这个时候，对于游戏来说，就不是单纯地修改了，而是大换血——升级！

整个游戏开发的流程，简单来说就是这样。喵喵闹，咱们什么时候开始呢？

喵喵闹：这个吧，公主也许在那住的挺好的，咱们还是不要多事儿了……

二、钛大师秘籍

秘籍 1：最近流行的虚拟现实（VR）游戏，属于模拟类游戏的范畴，这也是今后游戏发展的一种趋势。不过术业有专攻，专注二维游戏的 Scratch 在这方面虽然并不擅长，但其制作的使用麦克风和摄像头控制的游戏，应该属于增强现实（AR）范畴的游戏，即虚拟与现实结合的游戏。

秘籍 2：很多游戏并不能简单地归为一类，它的类型界限是很模糊的，例如棋牌类的游戏通常认定为桌面游戏，那么就是休闲益智类别，但是谁都知道它有着体育竞技的属性。赛车游戏类更复杂，其本身就有单独的一个小类别——竞速类（体育游戏的一个类别），但如果有一定仿真度那就是模拟游戏，如果在

赛车中加上动作或者解密要素又是一种情况。所以在使用Scratch开发游戏的时候，未必要弄清楚自己开发的游戏具体属于哪一个类型，只要做到对于游戏的玩法心中有数就好。

秘籍3：游戏的分类方式并不一定按类型分，例如，按平台分，有电脑游戏、手机游戏、电视游戏等，按表现形式分，有三维游戏与二维游戏、文字游戏（MUD）等，按照操作方式来分，有摄像头游戏、麦克风游戏、键盘游戏、鼠标游戏……而且咱们可以买到很多与Scratch相关的周边硬件，用于开发游戏效果会更好。

三、动手练习

要求：

列出你所知道的所有游戏，并为这些游戏标注上游戏类型，上网验证一下看看自己标注的对不对。

Part 2

英雄魔王大决战

★ 规划自己的游戏 ★

★ 思维导图 ★

一、钛大师课堂

讲了这么多游戏的基本知识，但你可能还没有想好做一款什么样的游戏才能够解救公主。没关系，现在拿起一张纸和一支笔，咱们一起来随便写写画画，正式开始制作游戏，先来设计一款“跳绳游戏”，现在就开始吧！

1. 玩家体验

①开始画面。

首先写上，“跳绳游戏”。现在把自己定位到一个“使用者”的角度上，想一想在打开这个游戏以后，在你面前出现的是什么？

喵喵闹：从我玩过的游戏来看，首先出现的是欢迎画面或者是游戏封面！

钛大师：好，那写上游戏开始画面，这里可以有欢迎画面和封面，封面上会有什么？

喵喵闹：总得有个游戏开始的按钮吧，一般都写个 PLAY……

钛大师：说得没错，一般需要有“开始游戏”“操作说明”“游戏设置”“制作团队”“退出游戏”等基本要素。

首先确定符合我们这款游戏开始画面的基本工作。因为我们的游戏很简单，而且我们也没有公司作为制作团队，至于“退出”，Scratch 默认不需要打包成 exe 文件，没有命令可以把 Scratch 直接退出。

精简之后，开始画面就有了两项内容：“开始游戏”和“操作说明”，这两项都会制作成按钮的形式。最后在封面某个位置写上“By 喵喵闹”，这代表是喵喵闹的作品。

②游戏画面。

开始画面内容尽量简单，游戏主体的部分才是游戏最重要的内容。先来考虑游戏模式：跳绳，几个人跳？在哪里跳？主角是谁？

喵喵闹：几个人都能跳啊！从一个人到 N 多人都行。

钛大师：几个人都能跳的话，那就开始考虑游戏中几个人跳比较好，这里我选择 3 个人：一个人跳，两个人甩绳子。

基本模式确定了，现在考虑主人公，例如找两个路人拉绳子，喵喵闹来跳绳。有了主人公，游戏背景也要考虑。一般在室内跳绳的不多吧？那就设定在操场、森林、海滩、山脚这些户外的地方，可是咱们的主人公是喵星人，那么就不要出现现代的场景，从这些属性不明显的场景当中选择就好了。

喵喵闹：森林吧，我们喵星人都喜欢树。

钛大师：是不是都考虑全了呢？没有，还有道具。跳绳，没有绳子肯定不行啊。这些还不够，还有画面上最重要的——成绩！或者说得分，需要让玩家随时能看到自己当前的成绩。

喵喵闹：这么多！看来游戏也没那么容易做啊。

③结束画面。

钛大师：也没那么难，主要元素齐全之后，就可以设计结束画面了。结束画面要显示得分，然后是两个按钮：一个重来，一个返回。

喵喵闹：重来我懂，返回是什么意思？

耗子淘：笨喵，当然是返回开始画面啊！

2. 内容实现

所有元素清楚了，这是第一步，第二步要梳理一下编程的思路，这样才会知道咱们缺少哪些部分的内容。现在把所有元素用带箭头的线条连起来，有助于大家明白各个角色之间的关系。

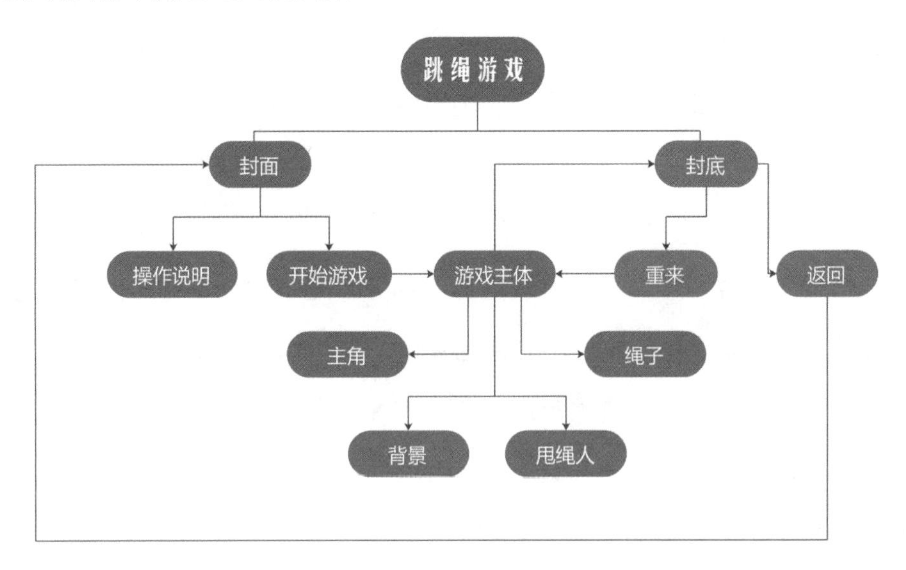

①按钮状态。

游戏中所有出现的按钮，起码需要两个状态，比如正常状态，还有被点击的状态。例如我随手画一个方块做按钮，再给它加一个被按下的造型，颜色变重一点，位置往右下一点。加上脚本以后，就会实现咱们要的效果。

角色	造型	代码
		当角色被点击时 将造型切换为 造型2 等待 0.2 秒 将造型切换为 造型1

喵喵闹：一个按钮就这么麻烦啊！

耗子淘：按钮啊，开始结束啊，菜单啊，这些画面我知道，有个词儿叫“UI”，就是说的这些。

②动画造型。

首先是游戏的主角，它最少需要制作三个动作造型：等待的动作，起跳的动作，跳失败了的动作。

喵喵闹：你是不是还少说了跳成功了的动作？

钛大师：用不到，设定的是无限循环的玩法，开始就没有设定胜利的画面。

喵喵闹：刚才你说有两个造型？一个是主角，另外一个是甩绳子的人？

钛大师：错了，要动的不是甩绳子的人，而是绳子。为了简便起见，甩绳子的人胳膊不动，只让绳子来动。

喵喵闹：对，绳子肯定是动的，如果让甩绳子的人也有动画造型，那么需要制作的素材又多了。

钛大师：这个也不一定，有一种做法就是把甩绳子人的胳膊和绳子制作成一个角色来进行游戏设计，这种角色看起来就是一条绳子上有俩胳膊。

喵喵闹：好恐怖的感觉，咱还是简单点，制作绳子吧。

无论角色还是绳子，制作起来都不简单，因为如果只有那么几个简单的造型，没有动画的效果，给人的感觉太突兀了，所以，我就画了十多个不同的造型来表现绳子的动态，角色还要更多一点，因为它在不同的状态，就得用几个不同的造型来表现。

③游戏背景。

如果只是要实现这个游戏，一张简单的背景就足够了，可是对于“游戏性”来说，还是要稍微有点变化才好。例如说，在你跳绳的不同阶段，可以让背景从早晨到黄昏到夜晚不断变化。所以背景也要多准备几张。这样玩家不至于很快就在你的游戏中感到疲劳。

④其他细节。

在很多游戏当中，有一些角色是非必要存在的，换言之有没有它都行。这些角色不是主角，甚至没有一点作用，只是装饰或者是路过而已。例如，在你跳绳的过程中，天空突然飞过一只乌鸦。

⑤游戏音效。

除了画面中的元素之外，还有声音元素。例如游戏开始时出现的声音，失败时出现的声音，跳绳时出现的声音。

3. 素材整理

素材差不多就这些，咱们整理一下需要的清单。然后使用Scratch绘制出来，加到场景中看看是否流畅。

类别	角色	状态	数量
按钮	开始游戏	正常状态 按下状态	2
	游戏说明	正常状态 按下状态	2
	重新来过	正常状态 按下状态	2
	返回菜单	正常状态 按下状态	2
角色	跳绳的猫	预备状态 跳绳状态 失败状态	15
	甩绳老鼠	绳子动态	11
	游戏说明	说明文字	1
背景	游戏背景	早晨黄昏 白天夜晚	5
	开始背景	标题画面	1
	结束背景	结束画面	1
声音	背景音乐	开始音乐 背景音乐 结束音乐	3
	特殊音效	甩绳音效 跳起音效 失败音效	3

喵喵闹：光素材就需要 48 个文件？

钛大师：现在整理的就有这些。

4. 效果实现

素材都准备好了，下面就是组装的过程。首先要把所有素材都放置到相应的位置，一直到所有场景的感觉都很协调了以后，开始思考代码怎么实现。

①开始画面和结束画面。

首先实现游戏前、游戏中和游戏后，三个大场景的跳转，这些现在应该难不住你了。这里实现的方法很多，用广播或者全局变量实现都可以。但要注意整个项目的一致，以方便阅读和修改升级。

②游戏场景。

这里最难实现的一点，是角色撞到绳子的判断。我提供两种思路：一种是使用隐藏的角色，像前面咱们做的“生死大轮盘”一样，利用看不到的角色来进行失败或者成功的判断；另一种是使用角色的某一造型来进行碰撞判断，需要判断的造型也就一两个，你可以都试试。

5. 测试修整

全部完成以后，记得多测试几次。不要觉得代码没有 BUG 就没什么问题了，多测试几次，你会发现很多需要完善修改的地方。

喵喵闹：这已经是测试的第 987654321 次了！

钛大师：你也可以请你的朋友们一起加入到测试中来，发挥集体的力量！

二、钛大师秘籍

虽然网上可以找到大量的素材，但如果可以自己尝试画游戏的形象，那是非常棒的一件事情。不要怕刚开始画得不好，相信熟能生巧。Scratch 里也有各种各样的素材，对初学者来说，这是不错的选择。

三、动手练习

要求：

根据本章内容，制作一个完整的游戏。在完成游戏的基础上，可以自由添加一些功能和细节。

四、参考示例

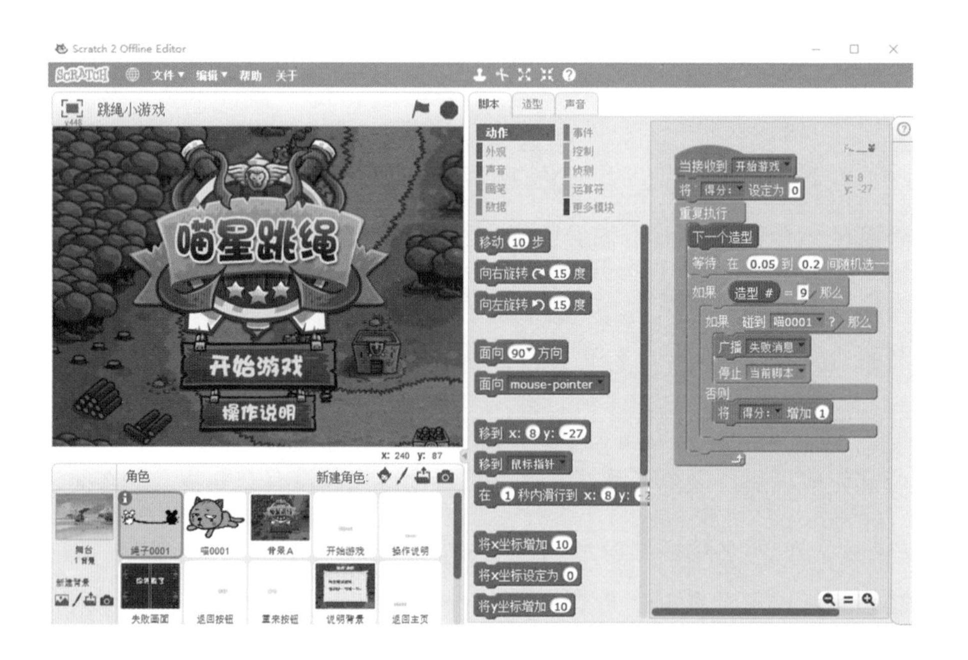

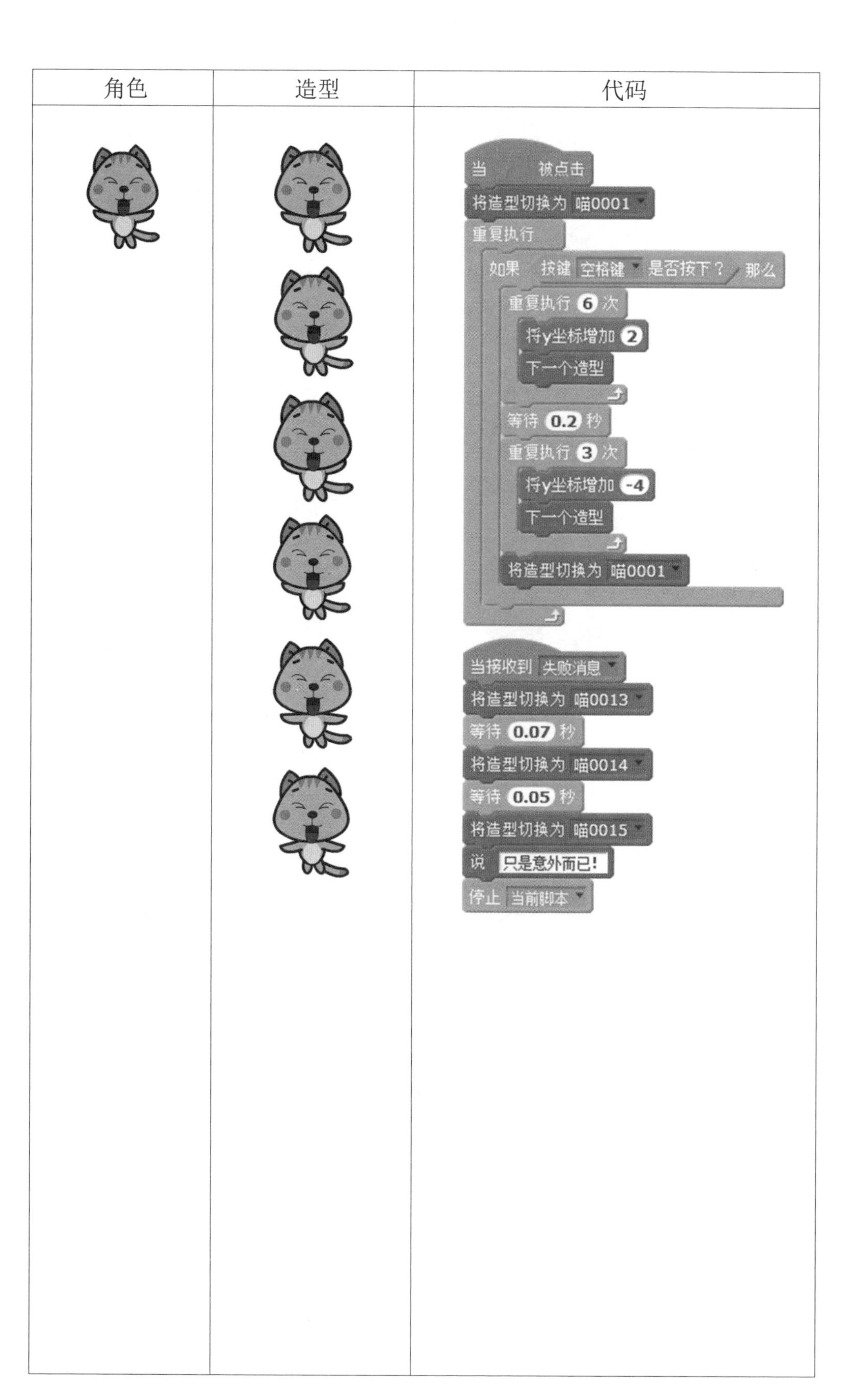
角色
造型
代码
当 被点击
将造型切换为 喵0001
重复执行
如果 按键 空格键 是否按下？ 那么
重复执行 6 次
将y坐标增加 2
下一个造型
等待 0.2 秒
重复执行 3 次
将y坐标增加 -4
下一个造型
将造型切换为 喵0001
当接收到 失败消息
将造型切换为 喵0013
等待 0.07 秒
将造型切换为 喵0014
等待 0.05 秒
将造型切换为 喵0015
说 只是意外而已！
停止 当前脚本

```
当 [绿旗] 被点击
将 [得分: ▼] 设定为 (0)
重复执行
  下一个造型
  等待 (在 (0.05) 到 (0.2) 间随机选一个数) 秒
  如果 <(造型 #) = (9)> 那么
    如果 <碰到 [喵0001 ▼] ?> 那么
      说 [你输了!]
      广播 [失败消息 ▼]
      停止 [当前脚本 ▼]
    否则
      将变量 [得分: ▼] 的值增加 (1)
```

扫描二维码

查看演示步骤

Part 3

公主，欢迎归来

★ 使用在线版本的Scratch 2.0 ★

★ 在线分享自己的作品 ★

★ 欣赏别人的作品，给别人的作品点赞 ★

一、钛大师课堂

钛大师： 游戏终于做好了，喵喵闹，赶紧把作品交给魔王，解救公主！

喵喵闹：要怎么给魔王呢？难道是用邮件发送给魔王吗？

钛大师： 分享自己的作品，不需要使用电子邮件发送。Scratch 本身就自带这个功能。

还有一个惊天的秘密，Scratch 2.0 其实是一个网页程序，Scratch 2.0 版本根本不需要安装在计算机上，只要你的浏览器支持 Flash 播放，你就可以直接上网使用它，并且把作品分享给大家使用。

喵喵闹：可是你一直让我用离线版的程序！

钛大师： 这当然是有原因的，在国内，在线版的 Scratch2.0 的速度并不快。另外，你不觉得使用离线版的软件学习更方便吗？

喵喵闹：你快告诉我怎么做吧！

钛大师： 首先要启动你的浏览器，这里我用的是 Chrome 浏览器，并且安装

好了 Flash 插件，在地址栏输入：http://scratch.mit.edu，按下回车，你就可以打开 Scratch 的官方网站了。

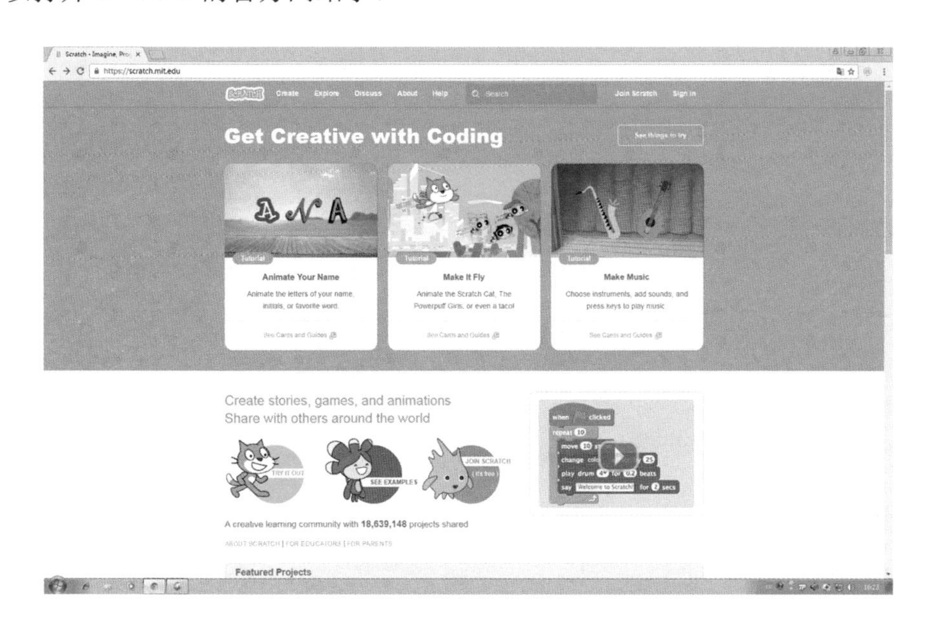

喵喵闹：这个我会，可为什么是英语的。

钛大师：你把网页往下拉，在网页的最下端，有一个语言选择的地方。在这里选择“简体中文”就好了。

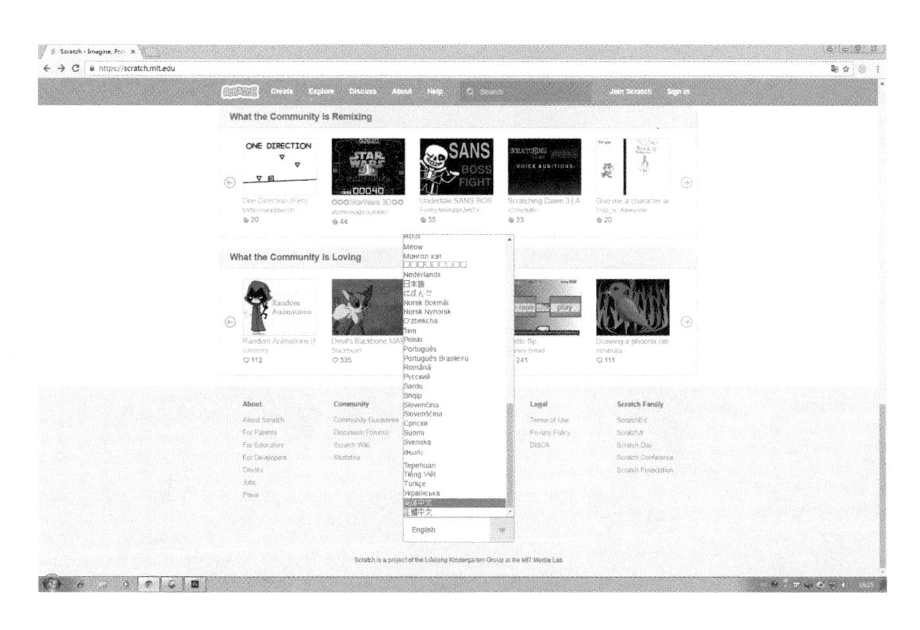

喵喵闹：果然有变化，可是英语仍然很多啊。

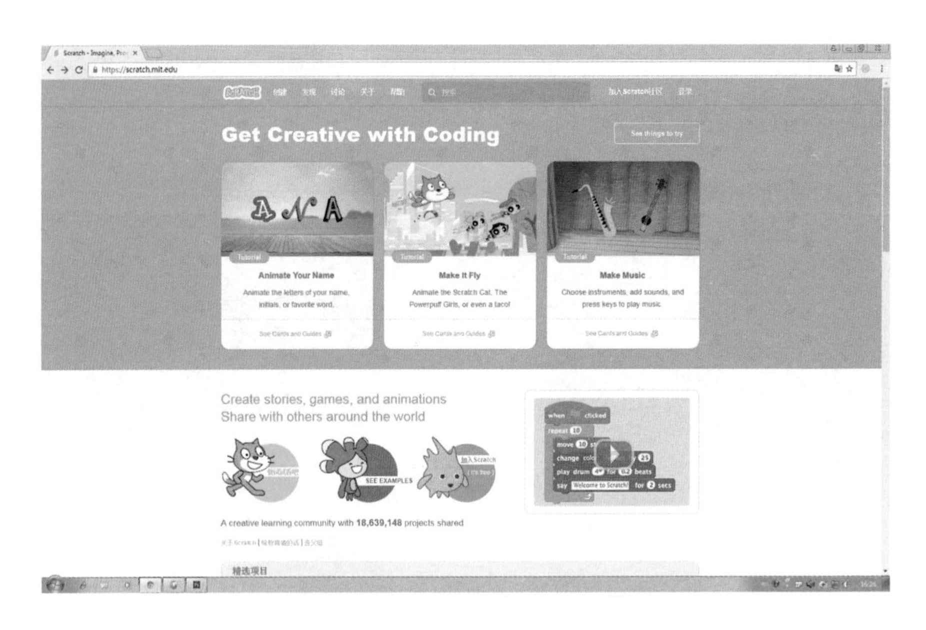

钛大师：有些英语是没办法变成中文的，例如作品名字、作者名字，有的作者的母语是英语，使用的代码也是英语，所以想完全看明白的话，加强自己的英文学习吧！

喵喵闹：我觉得仅仅加强英语学习还不够，貌似里面各国的游戏都有。

钛大师：下面来注册一个用户吧。这样才可以使用网站的各种功能。

喵喵闹：为什么一定要注册呢？

钛大师：如果不注册就没办法保存作品，也没办法分享作品啊！在网页右上角点击“加入 Scratch 社区”就会弹出一个用户注册的对话框。

在“选择一个Scratch用户名”这里输入自己的用户名，例如我现在输入“miaomiaonao”，密码“********”。

喵喵闹：居然用我的名字，而且还用拼音！密码怎么不说了？

钛大师：为了让母语是英语的朋友能看到咱们的作品，所以我的用户名用的拼音嘛！

至于密码要注意，不能和用户名完全相同，但在“确认密码”一栏，一定要输入和上一栏完全一样的密码，加深你的印象，也怕你输入错误。填好以后，按“下一个”按钮继续注册。

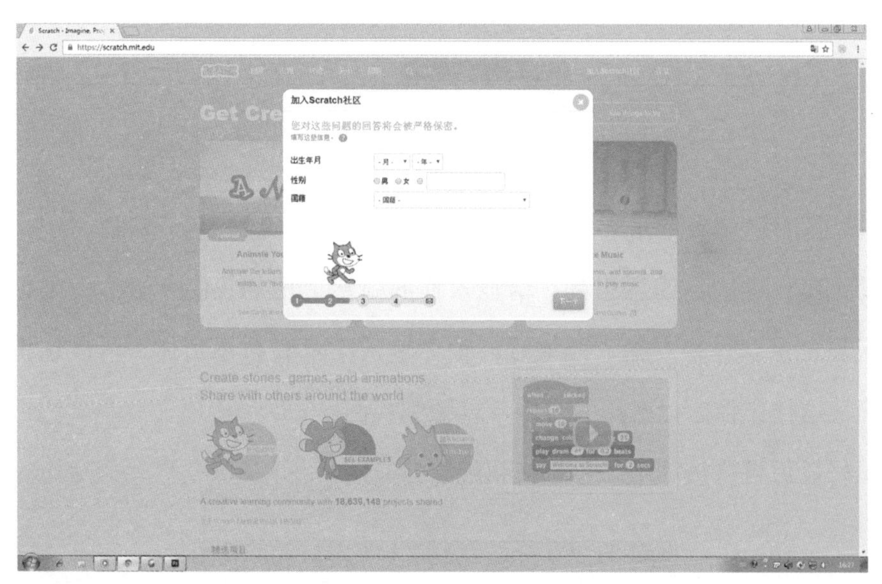

出生年月就是你的生日，要使用地球的公历，只需要输入年份和月份就可以；性别有男、女，还可以自定义写一个，例如我就写的喵星人。至于国籍，照实写就好了，估计大部分人要选“China”吧！

喵喵闹：喵星人是籍贯，不是性别好不好。

加入Scratch社区

您对这些问题的回答将会被严格保密。

填写这些信息，

出生年月 三月 1983

性别 男 女 喵星人

国籍 China

1 2 3 4 下一个

钛大师：填好后点击“下一个”。

加入Scratch社区

Enter your email address and we will send you an email to confirm your account.

电子邮件

Confirm email address

1 2 3 4 下一个

喵喵闹：这里写电子邮件，可是上面那句橙色的话是什么意思？

钛大师：这段话的意思是：请输入你的邮箱地址，我们会给你发邮件确认你的账户信息。这里要输入两次哦，怕你输入不对联系不到你。所以这里一定要准确，这样在你忘记密码的时候可以顺利找回。

填好以后再次按“下一个”按钮继续。

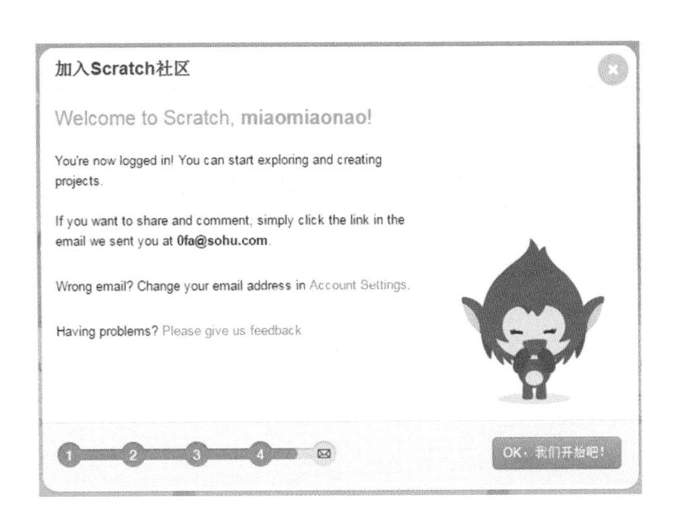

当你看到“OK，我们开始吧！”的时候，恭喜你，注册成功了！

点击“OK，我们开始吧！”以后，网页会自动返回 Scratch 的首页，如果你看到窗口右上角显示出了你的用户名，说明一切顺利，你可以开始使用网站的各种功能了。如果有什么意外，你没有看到自己的用户名，就请点击“登录”按钮，然后输入用户名和密码来登录就可以啦！

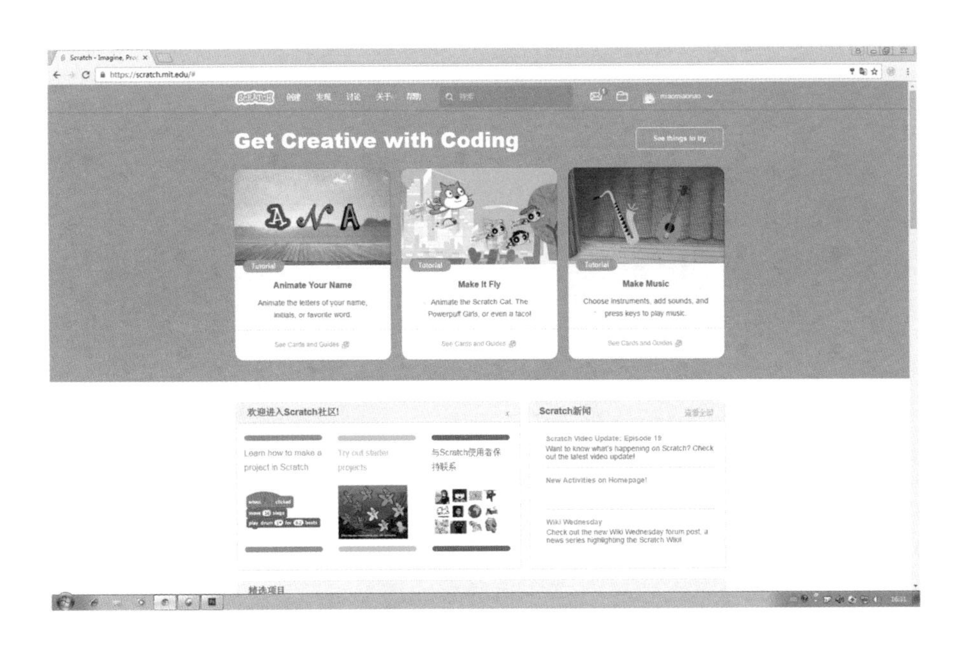

这时，我们点击左上角 Scratch 图标后面的“创建”菜单，就可以启动在线版的 Scratch 2.0 来开始我们的创作啦！

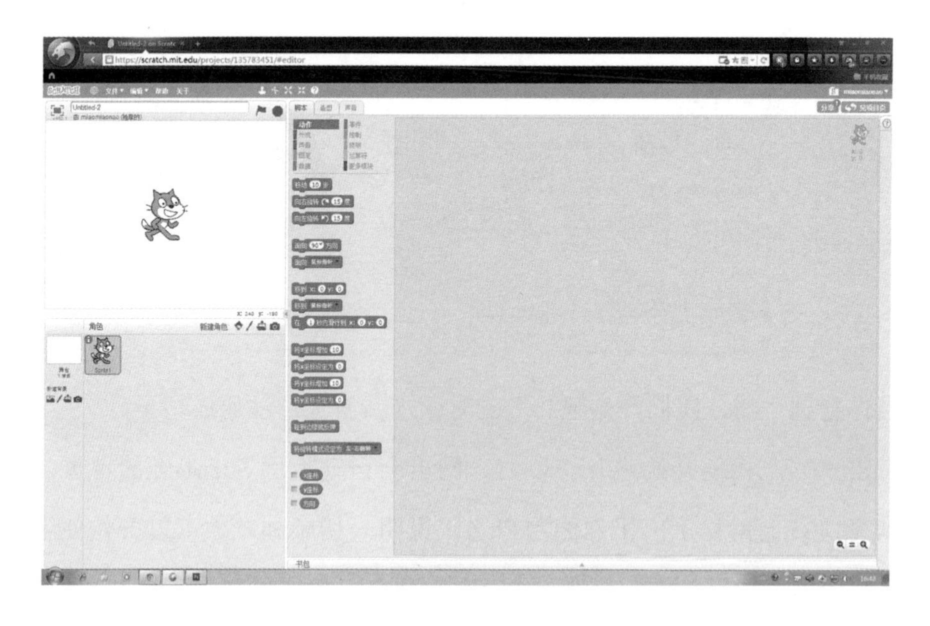

喵喵闹：好像和离线版的 Scratch 也没什么不一样嘛！

钛大师：还是多了很多细节的，随便做点东西试试看。

喵喵闹：呀，发现了，菜单什么的都不一样了呢！

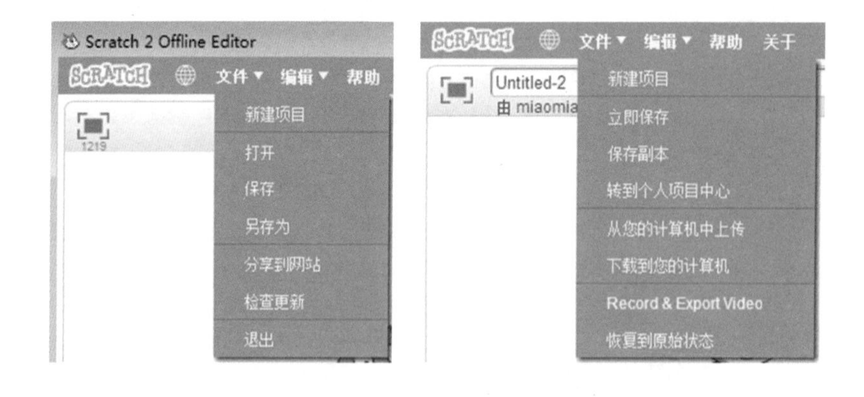

喵喵闹：好像还多了些按钮，还有书包区域。

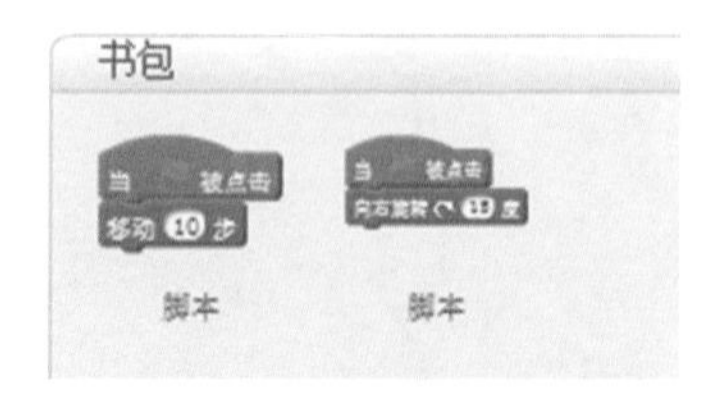

钛大师：书包区域可以理解成共享库，你可以把代码拖放到里面，方便别的游戏、别的角色使用，这会让制作过程方便很多。

至于多的这几个，是很重要的按钮，咱们要把作品发送给魔王，全靠它们了。点击“见项目页”，会出现这样一个关于项目备注的页面。

对于作品的说明、备注都可以写在这里。还可以给作品添加分类标签，例如，这是游戏还是动画？或者是一个应用程序。填好以后，点击“共享”就可以让别人也看到啦！

喵喵闹：别别别，我还没做完呢。我想打开以前没做完的作品，应该从哪里找呢？

钛大师：点击你右上角的用户名，有一个“我的项目中心”菜单，点击以后，会出现我的项目列表，选择自己要继续制作的项目，点击“转到设计页”就可以啦。

Scratch 创建 发现 讨论 关于 帮助 搜索 miaomiaonao

我的项目中心 + 新建项目 + 新建工作室

排序

所有项目 (2)
共享项目 (0)
非共享的项目 (2)
我的工作室 (0)
Trash

Untitled-2
最后修改：about 3 hours ago
转到设计页
删除

Untitled
最后修改：about 3 hours ago
转到设计页
删除

加载更多

喵喵闹：好像在线版的功能还有很多。

钛大师：当然，Scratch2.0 的定位就是在线程序，离线版本的功能和在线版是有差距的。例如你没有保存作品的话，Scratch 在线版会自动帮你存起来，让你下次登录的时候可以继续制作自己的作品。

喵喵闹：怪不得制作的时候经常会提示“正在保存”。

钛大师：对的，如果在程序的右上方显示“已保存”，就说明文件已经保存好了，如果显示的是“立即保存”，就可以点击操作来手动保存，不过你不管它继续做的话，Scratch 也会自动保存的。

喵喵闹：已经保存好了，我要发给魔王！可是我点了“分享”它就会知道吗？

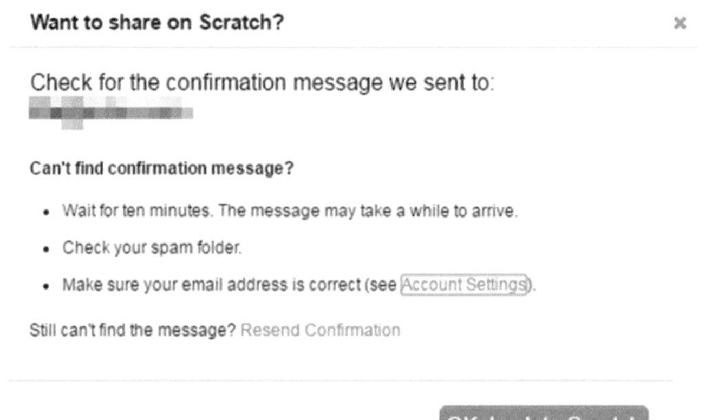

按下“分享”以后，Scratch 首先会弹出一个对话框来告诉你，已经给你发了一封确认邮件，你在自己的信箱找到确认邮件，并点击确认链接以后，就可以把游戏地址发送给别人，这样谁都可以打开这个地址来玩你制作的游戏了。

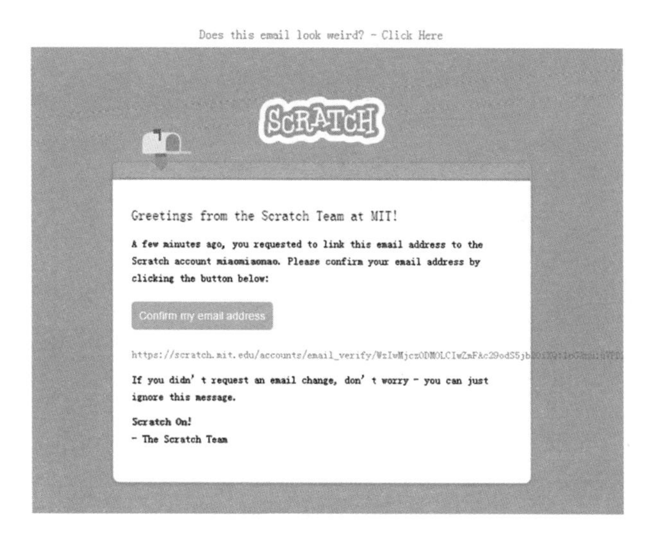

喵喵闹：哈哈，这么说成功了，我把地址发给魔王就可以等公主回来了是吧？

钛大师：没错，还有一点你要了解，你把作品共享以后，不仅可以让别人来玩，而且谁都可以帮它升级改造，这种改造在 Scratch 里叫作“再创作”。

喵喵闹：这怎么可以，经过我允许了吗？他就随便改？

钛大师：你还真允许了。在 Scratch 社区里，你只要共享了作品，就认可了允许再创作。

喵喵闹：那我总可以知道谁改了我的作品吧？

钛大师：这个当然可以。

点击页面右下角的树状按钮，就可以看到“再创作树”页面。这棵树的根部，就是原创作者，枝干，就是修改作者。如果在修改作者的创作基础上再进行创作，还会再增加下一级的枝干。

喵喵闹：树状图果然很科学啊！这样多少人修改都看得出来。

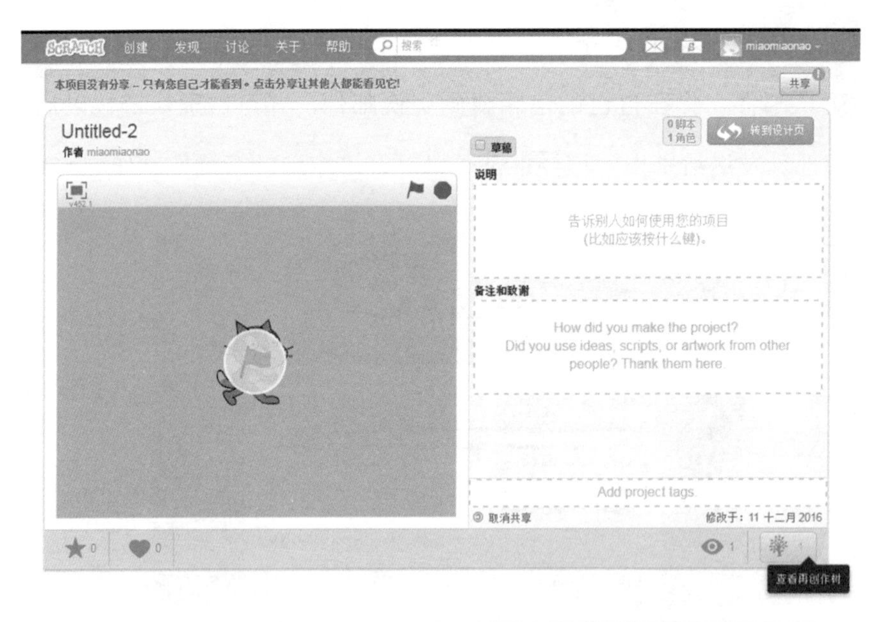

分享的时候要记得哦，不仅仅要完善作品说明资料，还要完善一下个人的资料。完善个人资料的地方叫“个人中心”，点击自己的名字，下拉菜单中第一个就是了。

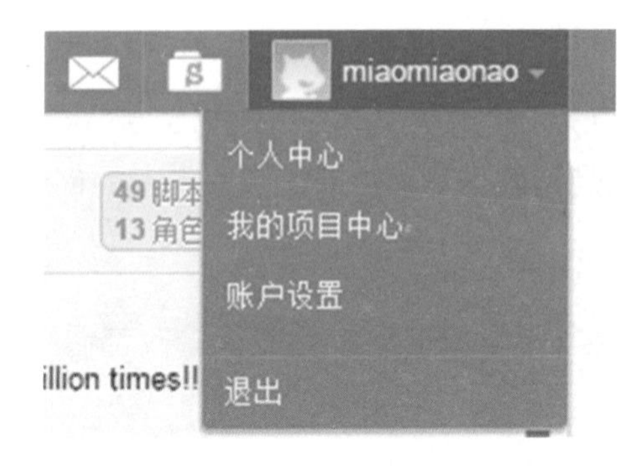

在这里可以写上自我介绍，例如，在“关于我”上写：我叫喵喵闹，是喵星上最帅的猫。在“我正在做什么”上写：我正在拯救世界的路上。

喵喵闹：太好了，正是我想写的。我马上去！

钛大师：赶紧去拯救公主吧！魔王还等着玩你制作的游戏呢。

二、钛大师秘籍

Scratch 网页版的功能是不断更新的，有些细节在你拿到本书的时候可能会有变化，但是影响应该不大，有改动也是为了方便你创作而进行的修整，就像咱们的游戏，经常会发现 BUG，随时需要去修理和升级。

三、动手练习

要求：

在线注册一个 ID，分享自己的 Scratch 作品。

故事从这里结束

魔王果然玩游戏玩得不亦乐乎，于是放了公主。喵喵俏公主顺利地回到了喵星，喵星又恢复了往日的平静，大家都在欢迎公主的归来，可是喵喵闹呢？它怎么走了？

喵喵俏公主：喵喵闹，钛大师，真的谢谢你们，我终于回家了，你们是喵星的大英雄！欢迎你们来我家玩。

喵喵闹：谢谢公主的好意，我现在要去修炼了，去制作更好玩的游戏！下次魔王再来的时候通知我，我会继续用 Scratch 来拯救世界的！

钛大师：继续努力吧，期待你的作品！